사장님, 여기 물 새요!

사장님, 여기 물 새요!

창해

: **추천사 · 1** :

모든 중개사들의 필독서가 될 것

작가의 이력도 독특하지만 글쓰기 장르도 매우 독특하다.

건축의 거의 모든 장르를 다루는 전공서적 같으면서도 전공서적처럼 딱딱하지도 않고, 자기의 현장경험을 담담하게 글로 풀어놓은 수필 형식이 가미되어 있으면서도 수필도 아니고, 법률서적이 아니면서도 일반인들이 잘 알지 못하지만 꼭 알아야 할 법률지식까지 가미한 재미있고 독특한 책이다.

이 책은 건물주만 읽을 책이 아니라 부동산의 최전방에서 일하는 모든 중개사들이 필독해야 할 책인 것 같다.

재미와 상식 그리고 전문성까지 겸비한 이 책을 쓴 작가에게 축하의 말을 전하며, 건축 관련 분야에 종사하는 분들과 부동산 중개업에 종사하는 많은 분들에게 이 책을 추천한다.

결코 후회하지 않을 책이다.

- 이광재(아시아파트너스 대표이사)

현장에 종사하는 사람에게 훌륭한 지침서가 될 것

저자는 책에서 유지보수를 통해 건물의 가치를 증대시키는 효율적인 방법을 제시하고, 또한 이로 인하여 발생할 수 있는 다양한 법률적 문제점과 해결방법을 제시하고 있다.

이 책의 내용은 저자 본인의 유지보수 경험을 통하여 나온 것으로 누수 하자로 인한 방수 등의 문제, 타일, 철거 등 실제 현장경험으로 체득한 것을 기술하고 있다.

이와 더불어 건물을 관리하면서 발생할 수 있는 법률적 문제에 대해 법적 경험과 지식도 포함하고 있다.

효율적인 건물 관리로 건물의 가치를 높이고 싶은 사람뿐 아니라 현장에 종사하는 사람에게 훌륭한 지침서가 될 것이므로, 이 책을 추천한다.

- **이종일**(변호사)

많은 사람들이 이 책을 읽어보기를 적극 추천

이의재 작가의 글쓰기는 자신의 지식을 기꺼이 나누고자 하는 유쾌한 작업이다.

그래서 친구들에게 두런두런 이야기하듯이 편하게 글쓰기를 한다.

자신의 현장경험을 마치 물결에 언어를 실어내듯 써내려 가는 중에 어느새 독자들도 근사한 현장경험가가 되게 한다.

저자는 책에서 건물가치를 향상시키기 위한 방법으로 건물 유지보수의 중요성을 강조하고 나아가 법적 분쟁 상황까지 자세히 기술하고 있다.

얼핏 딱딱할 수도 있는 내용을 부드럽고 재미있게 읽을 수 있도록 기술한 작가의 노고를 치하하며, 많은 사람들이 이 책을 읽어보기를 적극 추천한다.

- **남정현**(<참교육신문> 발행인 / 교수)

누수에 대한 풍부한 지식과 경험을
실제 사례로 알기 쉽게 설명한 책

"균열 없는 콘크리트를 개발하는 사람은 노벨상을 받을 것"이라는 말이 있다. 시멘트와 콘크리트 타설 후 균열은 필연이고, 균열은 누수로 연결될 수밖에 없다. 건물 자체는 100년을 가더라도 그사이 많은 누수가 발생한다. 시멘트와 콘크리트 안에서 일하고 밥 먹고 잠자는 우리에게 누수란 곰팡이 등을 발생시켜 실내 환경을 악화시키는 원인이기 때문에 매우 힘들고 고통스러운 일이 아닐 수 없다.

이때 법조문에 의한 해결은 매우 간단해 보이지만, 실제로 누수원인을 찾고 해결하는 일은 눈에 보이지 않는 것을 찾는 과정이어서 매우 어렵고 풍부한 경험에 의존할 수밖에 없다. 변호사 및 공인중개사로서 말로 해결 과정을 설명하는 일이 잦지만, 결국 전문가 없이는 해결에 이르기가 쉽지 않다.

저자는 시멘트와 콘크리트 안에서 일하고 밥 먹고 잠자는 우리에게 꼭 필요한 누수 관련 지식과 풍부한 경험을 사례, 사진과 함께 알기 쉽게 설명한다. 누수를 겪고 난 뒤 비로소 읽게 되더라도 빠른 시간에 지식과 경험을 습득해 대응할 수 있게 해주고, 누수를 겪지 않은 사람은 마치 겪어본 듯 노련하게 만들어준다.

누수를 피하기 위해 새집에서만 살 수도 새 건물에서만 일할 수도 없다. 따라서 우리 모두 이 정도의 지식과 경험은 꼭 알아두어야 하지 않을까? 변호사 및 공인중개사로서 누수에 대한 상담 요청을 받으면 나는 두말없이 이 책의 일독을 먼저 권할 것이다.

- **김윤우**(법무법인 유준 변호사 / 공인중개사)

건물경영으로 가치를 효과적으로 상승시키는 방법

이 책은 건물의 가치 창조를 위한 건물 하자 관리 및 유시보수에 관한 전반적인 내용을 다루며, 그중에서도 특히 누수에 대해 많은 부분을 할애한다.

일반적으로 사람들이 살아가는 데 필요한 3대 기본 요소로 의식주(衣食住)를 꼽는데, 중요도로 따지면 식주의(食住衣) 순이 아닐까 생각한다. 먹는 것과 입는 것에 대해서는 정보가 너무 많아 무엇이 옳고 그른지 구분조차 힘든 경우가 많다. 그런데 외부의 침입과 주위 환경으로부터 안전을 제공받는 데 의미가 있었던 주(住 : 빌딩, 아파트, 주택. 이하 건물이라 표현함)가 이제는 쾌적함과 편안함, 부의 가치 창조 또는 그 이상의 가치를 지니는데 의외로 이에 대한 정보는 많지 않다. 따라서 건물의 가치 창조를 위한 건물 하자 관리 및 유지보수에 대한 전반적인 내용을 써보려 한다.

오늘날 건물이라고 하면 편안함, 쾌적함, 안전함을 주는 재산 개념으로 보는 경향이 일반적이다. 건물을 이용한 기존의 재산증식 방법은 주로 주변의 환경 변화에 따른 것이었다. 즉, 주변에 도로가 생긴다든지 전철역이 생긴다든지 상권의 변화가 생긴다든지 하는 주변 환경의 변화에 따라 개인의 노력과 상관없이 토지, 건물의 가격이 올랐던 것이다.

물론 지금도 환경 변화에 따른 가격의 등락은 당연히 존재하지만, 머지않아 환경요인보다는 건물주의 노력에 따라 건물가치의 등락이 결정되리라는 것이 전문가들의 우세한 전망이다. 건물을 '소유 중이다'라고 쓰고 건물을 '경영한다'라고 읽는다. 이것이 어쩌면 더 정확한 표현일지 모른다. 경영은 사전적 의미로 보면 "설립한 경제 단위를 설립목적에 부합하도록 계획하고 유도하도록 지도 감독하는 것"을 말한다. 이를 건물에 대입하면 건물주가 건물을 소유하는 목적은 건물가치를 향상시켜 최고의 평안함과 최대의 이익을 추구하도록 계획하고 관리, 감독하는 것이라 할 수 있다.

같은 아파트, 같은 평수인데도 어느 집은 금방 매매가 이루어지고 어느 집은 매수자가 많이 다녀가는데도 가격을 네고까지 해주며 매매하는 경우가 있다. 혹자는 재수가 있네, 없네 하지만 이런 결과는 거의 대부분 매도자의 마음과 환경에 기인한다고 볼 수 있다. 매수자가 현관에 들어섰을 때 가장 먼저 보는 것이 무엇일까? 매도자가 있는 경우는 매도자의 얼굴을 맨 먼저 볼 것이고, 그다음은 신발 정리 상태, 거실 상태가 될 것이다. 그리고 나서 인테리어, 채광, 누수, 곰팡이 여부 등 청결 상태를 보게 될 것이다.

비록 오래되었지만 인테리어가 잘되어 있고 깨끗한 집은 매매가 금방 이루어지지만, 누수가 있거나 곰팡이가 피어 있는 집은 설령 매매가 되더라도 수리비 이상 네고를 해줘야 겨우 매매계약을 체결할 수 있다. 경영의 차이가 매도차익에도 영향을 주고 매도시기에도 영향을 준 것이다. 여기에서 경영의 차이점은 무엇일까?

사람들은 건물의 투자가치를 따질 때 일반적으로 건물의 외관부터 보고 그다음으로 투자가치를 평가한다. 필자가 아는 회사에서 관리하던 소형 빌딩이 하나 있었다. 전 건물주가 소유했을 당시 시세가 30억 상당이었는데, 어쩐 일인지 25억까지 내려도 몇 년 동안 주인을 만나지 못했다.

분명히 목도 좋고 투자가치도 있는 빌딩이었는데 수년째 매매가 이루어지지 않다가 현 건물주가 건물수리비 명목으로 1억 이상을 더 네고해서 24억에 매수했다. 현 건물주는 네고한 1억으로 건물 외장 인테리어를 했고, 그 결과 지하층에서부터 4층까지 공실률 제로를 만들었다. 5년이 지난 지금 그 건물의 가치는 70억대 중후반에 육박하고 있다.

무엇이 이런 차이를 만들었을까? 전 건물주가 관리했을 때는 외관에서부터 혐오감이 들어 세입자들조차 들어오기를 꺼리는 건물이었다. 이 점을 잘 파악한 현 건물주는 시세보다 아주 싸게 구입해서 외관과 화장실 인테리어를 깨끗이 했고, 그 결과 공실률 제로 및 월세 수익 상승뿐 아니라 불과 5년 만에 큰 시세차익도 얻을 수 있었던 것이다.

크든 작든 건물을 소유한다는 것은 곧 경영을 하는 것이다. 그리고 어떻게 경영하느냐에 따라 추구하는 이익이 아니라 실익 차이가 나는 것이다. 필자는 이 책에서 건물경영으로 '어떻게 효과적으로 가치를 상승시킬 수 있는가'에 대해 이야기해보려 한다.

2022년 3월

이의선

차례

 이의재의 어바웃 마이 하우스

PART 2 이론으로 알아보는 방수

이의재의
어바웃
마이 하우스

똑똑한 매수자들은 하자에 대한 유지보수 관리를 따진다

경영이라 함은 설립한 경제단위를 설립목적(사업주의 경우 이익추구)에 부합하도록 계획하고 유도하도록 지도 감독하는 것을 뜻한다. 이를 건물에 대입하면 건물주의 건물 소유 목적은 건물가치를 향상시켜 최대의 이익을 위해 계획하고 관리 감독하는 것을 말한다.

크든 작든 건물을 소유한다는 것은 경영 행위를 한다는 것이고, 경영을 어떻게 하느냐에 따라 건물주의 상상 속 이익이 아니라 실질적 이익의 차이가 발생하는 것이다. 그러면 건물경영을 어떻게 해야 효과적으로 건물가치를 상승시키고 이익을 추구할 수 있을까? 기존 사례에서 보듯 건물의 외관과 내부 인테리어 등은 세입자나 매수자에게 많은 영향을 미친다.

단지 인테리어만으로도 건물가치가 상승하느냐고 묻는다면 당연히 그렇다고 대답할 것이다. 그런데 똑똑한 매수자들은 내·외장 인테리어만 보는 것이 아니라 건물의 하자에 대한 유지보수가 어떻게 진행돼왔는지에 더 관심을 기울인다.

매수자나 세입자가 건물 내·외부 청결 상태를 본 뒤 바로 관심을 보이는 부분이 건물에 물이 새는지, 균열은 없는지, 곰팡이가 피었는지, 수도에서 녹물이 나오는지 등 건물의 하자 정보다. 하자가 있는 매물은 제값을 받기도 어렵고 매매 시기도 늦어지기 일쑤여서 매도자는 시간이 경과할수록 더 가격을 낮추게 된다. 즉, 경영에 실패한 건물주가 되는 것이다.

다시 말해 건물경영의 승패를 결정하는 중요한 요인은 건물의 흠결, 즉 하자에 대한 유지보수 관리다. 간혹 일부 건물주들은 세입자와 부딪치기 싫어 관리인에게만 맡겨놓고 자기 건물에 얼굴 한번 내비치지 않는다. 이럴 경우 관리자의 말만 듣고 건물의 심각한 하자를 일반적인 하자로 잘못 알았다가 나중에 큰 낭패를 보기도 한다. 즉, 관리자는 건물의 하자 상태에 대해 사실에 근접해 보고했으나 건물주는 이를 직접 확인해보지도 않고 자신의 경험을 바탕으로 애써 축소시켜 별문제가 아닌 것으로 생각하는 경향이 있다.

그리고 건물주는 돈이 가장 덜 드는 방법을 찾아 수리할 것을 관리자에게 주문한다. 저비용으로 처리하는 것은 지극히 정상적인 일이지만, 건물주가 건물의 하자 상태를 자의적으로 축소해놓고 거기에 맞는 저비용을 찾으라고 하니 당연히 하자보수가 정상적으로 이루어질 수 없다.

외벽 타일이 탈거되자 임시방편으로 철망으로 막아놓은 건물. 이 경우 철망을 설치하지 않은 다른 벽에서 타일이 떨어져 지나가는 사람에게 부상을 입힐 수 있다.

그런데 이런 문제는 건물주가 실제로 거주하는 주택에서도 빈번히 발생한다.

신촌의 A건물은 건물주가 몇 년간 얼굴 한번 비치지 않아 관리자가 주인처럼 행세하며 관리하고 있었다. 그런데 이 건물에 심각한 누수문제가 발생하자 관리자는 건물주에게 당연히 보고를 했다. 건물주는 자신이 아는 업자에게 저렴한 비용으로 수리를 맡겼고, 수리업자는 비용에 맞게 건물을 수리했다.

문제는 채 일 년도 되기 전에 똑같은 증상이 발생했다는 것이다. 그러자 수리업자는 자신은 시키는 대로 했으니 자기 책임이 아니라며 AS를 거부했다. 이에 건물주는 오히려 관리자를 책망하며 다른 업체를 찾아 이번에도 최대한 저렴한 비용으로 수리할 것을 요구했고, 관리자는 건물주의 요구에 상응하는 업체를 찾아 보수를 맡겼다. 그러나 이듬해 또다시 같은 증상이 발생했다. 건물주는 뒤늦은 후회를 했고 관리자는 다른 직장으로 이직해버렸다.

이는 건물경영의 실패 사례 중 하나다. 건물을 신축하거나 보수할 때는 반드시 들어가는 비용에 걸맞은 결과가 나온다. 어떤 업자도 자기 이익을 포기하면서까지 공사를 하지는 않는다는 사실을 건물주뿐 아니라 이 땅에 사는 사람들은 누구나 기억할 필요가 있다. 아울러 건물주는 일 년에 한 번이라도 반드시 관리자, 세입자들과 얼굴을 맞대고 이야기하는 것이 건물경영에 큰 도움이 된다는 것을 명심하길 바란다.

건물 유지보수와 건물경영은 깊은 연관이 있다. 건물경영이란 건물의 가장 기본인 안전에 만전을 기할 뿐 아니라 쾌적한 거주환경과 사무환경을 제공하기 위해 중장기 유지보수 계획을 수립하고 예상치 못한 하자에 즉각 대처하는 것이다. 건물주의 입장에서는 귀찮은 일이지만, 장기적으로는 이런 의무를 이행함으로써 큰 이득을 얻게 된다. 건물 매매 시 세입자의 한마디에 건물의 가치가 엄청난 차이를 보이기 때문이다.

"예방이 치료보다 낫다."

이 말은 만고불변의 진리지만 사람들은 이 말을 쉽게 흘려버린다. 작은 하자가 심각하고 치명적인 위험을 유발시킨다. 대부분의 결함은 발생 초기에 드러나거나 증상을 탐지할 수 있는데 제시간에 잡지 못해서 심각한 문제로 발전하고, 이 문제를 바로잡는 데 더 큰 비용을 지불하게 된다는 점을 간과해서는 안 된다.

모든 건축물은 부식되면 붕괴한다

건물경영은 건물의 가치상승, 즉 이윤의 극대화를 목적으로 한다. 건물의 가치상승을 위해서는 건물주가 청결, 유지보수, 인테리어의 중요성을 인식하고 있어야 한다. 이때 인테리어는 실내 인테리어도 중요하지만 한 지역의 랜드마크처럼 그 건물만의 특징을 말하며, 유지보수란 하자를 어떻게 잘 처리했는가를 의미한다.

어떤 사람에게 하자가 있다고 하면 우리는 그 사람에게 흠결이 있다고 생각할 것이고, 이는 건물 하자에 대해서도 마찬가지다. 즉, 하자는 흠결 상태를 의미하는 것이며 정도에 따라 평가 가치가 엄청나게 달라진다. 건물 하자에 대한 정의는 균열, 처짐, 침하, 파손, 누수, 작동불량 등 많은 요소를 포함하고 있으나, 이를 요약하면 건물의 기능과 미관 그리고 안전성에 흠결이 있는 상태를 말한다.

인체의 구성요소 3가지는 크게 보아 뼈, 살, 내부 장기다. 건물도 크게 3등분해서 뼈에 해당하는 기둥·보 등의 골조, 살에 해당하는 내·외장 인테리어, 내부 장기에 해당하는 배관·배수·설비·전기 등으로 구분할 수 있다.

사람들이 타인의 흠결 상태를 파악할 때는 외부적인 흠도 보지만 가장 중요하게 보는 것이 아마도 내적인 병이나 정신적인 흠, 이를테면 조현병 같은 내적 요소의 문제점이 아닐까 싶다. 그렇다면 건물에서 가장 큰 흠결로 볼 수 있는 것은 무엇일까? 어떤 건물주는 화장실이 고장나도 들은 적하지 않고 수리도 해주지 않아 입주자들이 자체적으로 헤

작은 누수를 무시하고 지냈던 건물의 참혹한 결과

결하는 경우도 있고, 공용부 유리창이 깨져도 수리를 안 해주는 경우도 있다.

그런데 이런 조물주 위 건물주마저 꼼짝 못하게 하는 경우가 있다. 입주자의 말에 깜짝 놀라 밤이든 새벽이든 가리지 않고 관리자에게 전화해 당장 해결하라고 요구하는 그 한마디는 바로, "물 새요!"다. 이 말 한마디면 그 어떤 건물주도 밤잠까지 설치며 당장 해결하려 나선다.

그렇다면 건물주들은 왜 누수에 이렇게 예민하게 반응할까? 그 이유는 누수가 발생하면 건물 가치가 현저하게 떨어지기 때문이다. 왜 건물 가치가 떨어질까? 누수가 발생하면 미관이나 기능성에도 일부 문제가 생기지만 무엇보다 건축물의 안전상에 큰 문제가 생기기 때문이다. 즉, 건물에 누수가 발생하면 건물이 썩고 금방 무너질지 모른다는 공포감이 엄습하는데, 이는 사람들이 직간접적으로 경험한 사고의 트라우마에 따른 자연발생적 공포다.

"모든 건축물은 부식되면 붕괴한다."

이것 역시 불변의 진리다. 물에 의한 철근콘크리트의 부식은 필연적으로 건축물의 붕괴를 가져오기 때문이다.

근대 최고의 발명품 중 하나는 아마도 철근콘크리트일 것이다. 콘크리트는 굳는 데 50년이 걸리고, 부식되는 데도 50년이 걸려서 거의 100년을 사용할 수 있는 건축자재다. 콘크리트 자체는 이집트·로마시대부터 사용되었지만 강도는 별로 강하지 못했는데, 그러다가 1800년대에 들어

급수관 피열에 의한 건물 내부 누수 현장

서면서 콘크리트와 철근을 결합한 건축구조물이 나오기 시작했다. 우리
나라의 경우 1920년에 건축한 부산세관이 최초의 철근콘크리트 건물로
기록되어 있다.

철근콘크리트는 압축 강도가 뛰어나고 두껍게 지어지므로 단열성도
뛰어나며 여타 건축자재에 비해 시공도 간편하다. 또한 재료비도 적게
들어 현재 일반적인 건축물은 대부분 철근콘크리트로 건축된다. 이렇
게 저비용·고효율의 대표적인 건축자재인 철근콘크리트의 최대 약점
은 습기다. 습기는 철근을 부식시키며, 부식이 어느 정도 진행되다가
철근의 임계점에 도달하면 건물이 하중을 견디지 못해 급격하게 무너
져버리게 된다.

간혹 콘크리트 구조물을 철거하거나 콘크리트 건물의 인테리어를 하

다가 구조물이 무너져 인명사고가 발생했다는 뉴스를 접하게 된다. 이런 사고는 대부분 기초공사 시 구조물의 철근을 제대로 넣지 않았거나 내부 철근이 급격히 부식해 건물의 하중을 견디지 못해 발생한다. 그렇기 때문에 인사사고를 방지하려면 건물 대수선 시에도 반드시 안전진단점검을 받을 것을 권한다.

특히 지하층이 있는 건물에서 많이 발생하는 누수로는 벽에 구멍을 내면 마치 피가 흐르듯 벽에서 물이 줄줄 흘러내리는 형태가 있다. 이때는 물이 한참 흐르고 나서야 멈추는데, 이런 건물의 경우 조금 과장해서 말하자면 수저로 콘크리트를 파내면 콘크리트가 밥 푸듯이 패어 나오는 것을 볼 수 있다. 이런 건물은 수선하기도 어려워 어느 누구도 감히 손을 대지 못한다.

이렇듯 누수를 방치하다 보면 건물의 안전에 큰 문제가 발생할 수 있기 때문에 건물주들이 "물 새요!" 이 한마디에 민감하게 반응하는 것이다.

누수의 원인을 파악하라

이런 우스갯소리가 있다. 대한민국 기혼 남성들이 가장 무서워하는 말은 아내가 진지한 어조로 "여보, 우리 얘기 좀 합시다" 할 때란다. 또 중고생들에게 가장 무서운 말은 "너, 전학 갈래?"란다.

그렇다면 한국 건물주들이 가장 무서워하는 말은 뭘까? "물 새요. 당신 건물에 누수가 발생하고 있어요"다. 아무리 강심장에 철면피 건물주라도 이 말에는 빛의 속도로 반응하게 돼 있다. 콘크리트 건물이든 목조 건물이든 상관없이 건축물은 물을 이기지 못한다. 그만큼 누수가 무서운 것이다. 마치 홍수처럼.

누수가 발생했을 때 가장 중요한 것은 원인을 파악하는 일이다. 누수 발생 접수를 받고 건물을 방문해서 점유자에게 하는 첫 번째 질문은 누수가 어디에서 발생했느냐다. 그런 다음 평소에도 누수가 있었는지, 아니면 비가 내릴 때나 비가 내린 뒤 누수가 발생했는지를 물어본다. 그런데 의외로 많은 사람이 질문에 답하지 못한다. 이럴 때는 참 난감하다.

일단 비가 올 때 샐 경우는 문제가 좀 간단하다. 방수 문제일 확률이 높기 때문이다. 그런데 이 경우에도 무턱대고 옥상방수공사만 했다가는 큰 낭패를 볼 수 있다. 의외로 옥상방수가 아니라 다른 문제일 경우가 많기 때문이다.

예전에 을지로에 있는 빌딩의 옥상방수공사 요청을 받았을 때의 일이다. 현장을 방문하니 건물주는 무조건 옥상방수를 하라고 요청했고, 들여다보니 옥상방수 상태가 불량해 보여 별다른 의견 없이 시키는 대로 방수공사를 마쳤다. 문제는 며칠 뒤에 발생했다. 비가 내리자 그 건물 옥상 바로 아래층에서 다시 누수가 발생한 것이다.

건물주는 방수공사를 잘못했기 때문이라고 밀어붙였고, 필자는 옥상방수 문제가 아니라 다른 문제라고 주장했다. 건물주의 입장에서는 당연히 방수공사가 잘못되었다고 생각했겠지만, 필자는 경험상 옥상방수 문제가 아니라는 것을 잘 알고 있었다. 그래서 다른 원인으로 발생한 문제라는 것을 증명하기 위해 건물주가 보는 앞에서 테스트를 했다. 그렇게 옥상방수 문제가 아니라는 것을 확인시키자 건물주는 다른 누수 원인을 찾아달라고 부탁했다.

그 건물의 누수원인은 첫째, 옥상에 설치한 조형물이었고, 둘째는 비가 내리칠 때 건물과 옆 건물의 골목 사이로 부는 회오리바람이 빗물을 위로 밀어 올려 창틀 사이로 빗물이 흘렀기 때문이었다. 필자는 이러한

조형물, 중계탑 등이 설치된 옥상에 풀이 자라는 모습

원인을 찾아내 건물주에게 알린 뒤 수리를 마쳤다.

　이와 비슷한 사례가 있었는데, 그중 하나가 방배동 건물의 누수였다. 그 건물은 5층이었는데, 특이하게 5층에는 누수가 별로 없고 4층에서만 누수가 심하게 발생하고 있었다. 건물주는 불과 일 년 전에 옥상방수공사를 했는데 이런 현상이 발생했다고 몹시 속상해했다. 공사업자에게 AS를 부탁했지만 공사업자는 일 년하고도 며칠이 지났으니 하자책임이 없다며 하자 처리에 응하지 않았다. 그래서 결국 필자를 찾게 된 것이다.

　현장 방문을 통해 필자는 옥상방수에도 약간 하자가 있다는 것을 발견했다. 하지만 전적으로 옥상방수 하자로 인한 누수는 아닌 것 같아 다른 원인도 체크했다. 또한 작년에 공사를 했던 업자에게 연락해 이것 저것 물어보고 현재 발생한 하자의 문제점도 이야기했다. 그랬더니 그는 이미 예견하고 있었다는 투로 말했다. 작년 공사 때 충분한 시간을 가지고 공사를 해야 하는 사안이었는데도 저렴한 비용에 맞춰 하다 보니 밀어붙이기 식으로 진행했다는 것이다. 이는 저비용 공사로 인한 고질적 적폐의 결과였다.

건물을 둘러보며 하나하나 체크를 하던 중 일 년 전 방수공사 때 도외시한 부분이 크게 손상돼 있는 것을 발견했다. 건물 창틀 사이와 옥상 난간대 부분에서 드러난 문제의 부분은 방수공사를 다시 해서 수리했다.

앞서 말한 을지로 빌딩은 파라펫 위에 조형물을 설치한 뒤 실리콘 처리로 마무리를 했으나 시간이 지나면서 실리콘이 제 기능을 잃어 그 틈으로 들어온 빗물이 콘크리트 크랙(균열)을 타고 들어와 발생한 누수와 창틀 실리콘이 시간이 오래되어 기능을 잃음에 따라 발생한 누수에 해당한다.

위에서 예로 든 방배동 건물은 옥탑 부분을 싱글 방수 처리했으나 시간이 오래 경과돼 기능을 잃은 결과 발생한 누수와 을지로 건물의 경우와 마찬가지로 창틀 실리콘이 기능을 잃어서 생긴 누수였다. 또한 옥상 난간대에 처리한 실리콘이 기능을 잃었고, 발생한 균열이 4층으로 연결돼 5층에는 누수가 많지 않고 4층에 누수가 집중되었다. 이 사례는 누수원인을 전체적으로 파악하지 않고 옥상방수공사만 했다가 건물주와 공사업자가 모두 낭패를 본 경우에 해당한다.

건물도 합병증을 앓는다

건물주든 점유자(세입자)든 건물에서 발생하는 상황 중 가장 무서워하는 일은 누수다. 소유자는 자기 소유의 건물이 무너질까 봐 무서워하는 것이고, 점유자는 전기감전 같은 생활의 불편함과 곰팡이에 대한 두려움 때문에 누수를 무서워할 것이다.

건물이 무너질지 모른다는 걱정과 전기감전이나 곰팡이를 유발하는 이 무서운 누수의 발생 원인은 무엇일까? 이 질문을 하면 사람들은 대부분 방수문제라고 대답한다. 당연한 이야기다. 그런데 이런 대답을 하는 대다수는 누수의 종류를 잘 모르고 있을 것이다. 다음에 설명하는 누수의 종류와 유형만 알아도 누구나 쉽게 누수에 대처하는 준전문가가 될 수 있다.

일반적으로 누수의 종류는 크게 우천 누수와 생활 누수로 분류된다. 그중 우천 시에 발생하는 우천 누수에 대해 먼저 이야기해보자. 우천 누수가 발생하면 대부분 옥상 방수층 문제라 생각하고 무턱대고 방수 공사를 한다. 그런데 실제로 현장을 둘러보면 옥상방수 문제가 아니라 다른 문제로 인해 누수가 발생하는 경우가 많다.

우천 누수의 원인을 살펴보면 대개 다음 몇 가지 경우가 주를 이룬다.

1. 옥상 방수층 결함
2. 벽체 균열
3. 창틀 벌어짐
4. 파라펫 철재 난간대 홀 틈새
5. 우수관 파손 및 주위 슬리브 균열

아울러 벽체 균열이 아닐지라도 콘크리트 노화, 일명 '콘크리트 골다공증'으로 인해 빗물 스며듦 현상이 발견되기도 한다. 앞서 이야기했던 사례에서 누수의 원인이 옥상방수 결함, 창틀 벌어짐, 파라펫 난간대 홀 틈새 균열이라는 복합적 요소였듯이 오래된 건물에서는 이렇듯 동시다발적으로 문제가 발생한다. 이를 가리켜 '합병증 하자'라 한다.

인간이 나이가 들면서 합병증이 생기듯 건물도 시간이 지나면 동시다발적인 합병증이 생긴다. 그렇기 때문에 하나의 누수현상이 발생해도 여러 각도로 들여다봐야 원인을 제대로 규명할 수 있다.

글을 쓰다 보니 필자의 지인들에게서 "진작 이런 것을 알았으면 헛돈

건물 내부를 통과하는 우수관

을 쓰지 않았을 텐데" 하는 연락이 자주 온다. 한 분은 아파트 거실까지 누수가 생겨 업자를 찾아 원인규명을 했더니 베란다에 문제가 있다고 해서 베란다 전체를 수리했다고 한다. 그런데 비가 오니 다시 누수가 생겼고, 다시 원인을 규명했더니 베란다가 아닌 섀시에 문제가 있다고 했단다. 그래서 거금 천만 원을 들여 섀시를 교체했는데, 나중에 알고 보니 섀시 윗부분의 실리콘만 재시공해도 되는데 너무 큰돈을 들였다고 아쉬워하셨다.

다른 한 분은 주택에 누수가 생겨 옥상방수를 했는데 비가 오자 다시 누수가 생겨서 옥상을 살펴보니 방수문제가 아니라 우수관이 파열돼 빗물이 벽을 타고 들어온 것이었다. 그런 원인도 파악하지 못해 헛되이 방수공사비만 들였다고 속상해하셨는데, 그래도 옥상방수를 깔끔히 잘 해놓았으니 이후에 어차피 해야 할 것을 미리 준비했다고 생각하면 위안이 되실 것이다.

거의 모든 누수는 크랙(균열)으로 인해 발생한다. 건축한 지 오래된 건물은 물론 건축한 지 얼마 안 되는 건물에서도 균열이 가고 누수가 발생하는 경우가 종종 있다. 그럴 때면 사람들은 대부분 부실공사에 의한 누수라 생각하고 시공자를 비난하는데, 이 또한 맞기도 하지만 틀리기도 하다.

신축한 지 얼마 안 된 건물에서 누수가 발생하면 누수의 원인이 무엇이든 부실시공이 맞다. 그런데 건축한 지 2~3년이 된 건물에서 발생한 균열누수의 경우 건축할 때 의도치 않게 사용한 불량자재 또는 작업자의 부주의에 의한 시공 등 여러 가지 사유가 있다. 이런 것들은 부실시공에 해당하지만, 이런 사유 외에도 자연발생적인 지반침하 현상으로 균열 현상이 생기기도 한다.

승진을 하면 그 자리에 익숙해지기까지 시간이 걸리고 이사를 하면 주변 환경에 적응하는 데 시간이 걸린다. 이와 마찬가지로 건물도 신축하면 토지 위에 자리를 잡기 위해 약 2~3년간 조금씩 움직이게 되는데, 이때 발생하는 벽체균열 현상으로 누수가 발생하는 경우도 있다. 그러므로 건물에 균열이 생겼다고 무조건 부실시공이라고만 생각해서는 안 된다.

옥상에 올라가보면 보통 초록색 또는 회색 페인트가 칠해져 있다. 이 것을 우레탄 방수라 하는데, 보통의 경우 우천 누수가 있을 때는 옥상에 올라가 우레탄 방수막을 살펴보게 된다. 일단 비가 샌다면 우레탄 방수막에도 문제가 있지만 부실시공이든 자연적 침하 현상으로 인해 콘크리트에 균열이 발생한 것이든 일단 균열을 보수하고 나서 방수를 해야한다. 이것은 조금 복잡한 문제이니 다음에 차근차근 다루기로 하자.

누수는
건물의 가장 약한 곳을 노린다

필자를 보고 지인들이 자주 하소연하는 이야기가 있다. 건물을 진단하는 업체마다 말이 다르고 세세한 진단이 나오지 않는다는 것이다. 병원이야 시스템과 매뉴얼이 잘 갖춰져 있어 환자의 병명과 합병증 여부를 금방 파악할 수 있지만, 건물보수나 인테리어는 정해진 매뉴얼이나 시스템이 없고 오직 개인의 경험과 감각에만 의지하기 때문에 작업자들에게서 일률적인 대답이 나오기란 쉽지 않다.

누수는 사실 진단 장비가 무의미한 경우가 태반이다. 누수탐지기라 불리는 장비들은 의사들의 청진기와 비슷한 것으로 일정 압력을 관로에 걸어놓고 바람 새는 곳을 청진기처럼 탐지하게 된다. 하지만 아주 미세한 사안일 경우에는 파악이 쉽지 않다. 그나마 급수관(수도)과 보일

미장 균열로 인한 크랙 보수 현장

러 배관만 누수탐지 장비로 탐지가 가능하지 다른 누수는 파악하기가 어렵다. 또한 가스를 이용한 장비나 열화상 카메라를 이용할 경우에도 탐지가 쉽지 않다. 이런 점을 알고 업체에 맡기면 마음이 편할 것이다.

누수는 크랙을 타고 집 안으로 들어온다. 그런데 건물 외벽은 균열도 없고 말짱한데 건물 내부로 물이 흘러들어오는 이유는 무엇일까? 우리 몸이 아플 때 가장 약한 곳부터 바이러스가 침투하듯 건물 균열도 건물의 가장 약한 곳부터 생기기 때문이다.

건물을 지을 때 콘크리트를 양생하다 보면 모든 부분이 똑같이 굳는 것이 아니라 수분증발이나 상호 인장강도(引張强度)에 따라 강하게 접착되는 지점과 약하게 접촉되는 지점이 동시에 발생한다. 이렇게 콘크리트가 양생을 하면서 조금 약하게 접착되는 부분에 크랙이 생겨 빗물

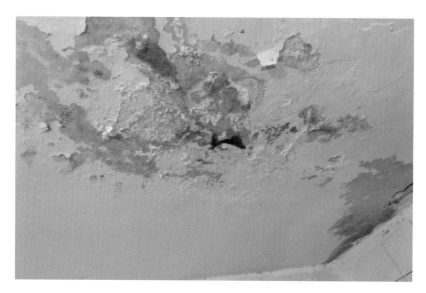

누수로 인한 페인트 박리 현상(剝離現狀)

이나 누수로 인한 물방울이 크랙을 따라 물줄기를 만든다. 이 물줄기를 따라 물이 건물을 타고 흘러 다니다가 건물의 가장 약한 부분을 뚫고 나오는 것이 바로 누수현상이다.

이런 원리 때문에 건물 5층, 4층은 누수가 없는데 3층에서 누수가 생기는 현상이 나타나곤 한다. 그런데 대부분의 사람들이 이런 이치를 모른 채 멀쩡한 4층 바닥을 뜯어 방수공사를 하고 나서 방수가 잘못됐다고 또다시 방수공사를 하는 일이 심심찮게 벌어진다. 그래서 어떤 공사든 시작할 때는 원인 규명을 확실히 하고 시작해야 헛돈을 쓰지 않는 법이다.

누수를 막으려면 크랙 보수를 해야 하는데 이때도 눈에 보이는 크랙만 보수하다가 다시 공사를 하는 경우가 왕왕 있다. 크랙 보수도 반드시 원인 규명을 먼저 한 뒤에 해야 나중에 후회하지 않고 만족스러운 결과를 얻을 수 있다.

크랙은 콘크리트 양생 전과 양생 후로 나뉘는데, 여기에서는 양생 후에 발생한 균열의 종류, 수리 방법만 나열하겠다. 콘크리트의 균열 원인으로는 건축 시 사용한 콘크리트의 결함, 작업자의 혼합비율 실수나 부주의로 인한 결함, 지반침하, 풍수해 등이 있다. 그리고 균열의 종류에는 기둥이나 보에 생기는 균열, 벽에 생기는 균열, 기둥과 벽 사이에 생기는 균열, 바닥에 생기는 균열 등이 있다. 또한 이런 균열로 인해 나타나는 현상에는 누수, 벽타일 떨어짐, 미장 균열, 페인트 벗겨짐 등이 있다.

위에서 나열한 균열 중 기둥이나 보에 금이 길게 가고 폭이 5mm 이상으로 보이는 것, 문이나 창틀 주위에 대각선으로 금이 길게 나 있는 것은 건물의 안전에 심각한 위협이 될 수 있는 현상이니 빠른 시간 안에 적절한 조치를 취해야 한다.

하지만 단순한 미장박리(시멘트 떨어짐)나 약간의 균열이 생긴 현상은 너무 크게 염려할 필요가 없다. 단순 미장박리 현상인지 아닌지를 확인하려면 망치로 균열 주위의 벽을 톡톡 쳐보면 된다. 벽에서 통통 하는 빈 소리가 난다면 단순 미장박리 현상일 가능성이 크며, 이 경우에는 박리된 부분만 제거하고 미장을 다시 하면 별문제가 없다.

누수와 누전은 동시에 대처하라

전기를 만질 때는 반드시 사용하는 기기의 해당 차단기를 끈 뒤 작업을 해야 한다. 누수에 대한 글을 쓰다 보니 많은 사람이 누수와 관련된 전기 문제를 문의해 온다. 주된 내용은 누수된 물이 모여 전등 주위로 떨어지는데, 단지 물방울이 떨어지는 게 문제가 아니라 전기에 감전될까봐 두렵다는 것이다. 이해가 가는 문제인 만큼 여기서 가정용 전기의 일반상식을 잠깐 언급하고 넘어가자.

전기는 발전소(수력, 화력, 풍력, 원자력, 태양광 등)에서 생산돼 송전 선로를 타고 변전소를 거쳐 우리 주변에서 쉽게 볼 수 있는 변압기를 통해 각 산업체(380V)와 가정(220V, 110V)에 공급된다.

변압기를 통해 가정에 공급된 전기는 요금산정을 위한 전력량계를

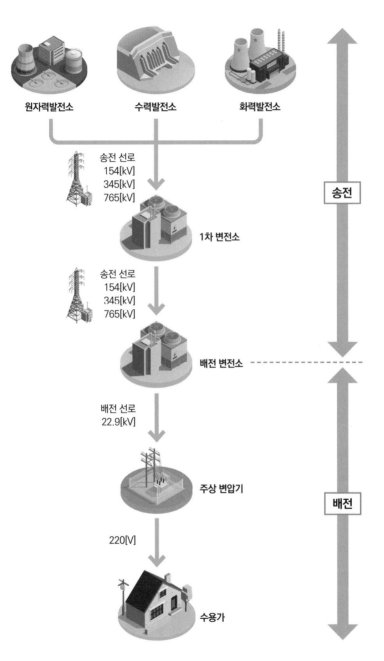

원자력발전소   수력발전소   화력발전소

송전 선로
154[kV]
345[kV]
765[kV]

송전

1차 변전소

송전 선로
154[kV]
345[kV]
765[kV]

배전 변전소

배전

배전 선로
22.9[kV]

주상 변압기

220[V]

수용가

발전소에서 각 세대에 전기가 공급되기까지의 과정

* 출처 : 한국전력공사

예전에는 두꺼비집이라 불렸던 분전반

통하여 분전반(예전에는 두꺼비집이라 불렸다)에 전달되고, 분전반의 메인차단기에서 소형 누전차단기를 거쳐 거실, 주방 그리고 각각의 방에 있는 콘센트와 전등에 전달된다. 여기에서 분전반은 여러 종류의 차단기가 모여 있는 박스이고, 전기차단기는 감전이나 합선 또는 필요 이상으로 전기가 소모되는 위급 상황 시에 즉각적으로 전기 공급을 끊는 장치다.

각 가정에 있는 분전반을 보면 대부분 위 사진과 비슷하게 되어 있다. 사진에는 택(tag)이 붙어 있지 않지만 각각의 차단기 밑에는 전등 1, 전등 2, 전등 3, 전열 1, 전열 2, 전열 3이라 쓰인 택이 붙어 있다. 우리는 전기를 사용하다가 전기가 들어오지 않으면 분전반에 가서 내려져 있는 차단 스위치를 올린다. 그러면 전기가 다시 들어오므로 아무 의심 없이 스위치를 올리는 것인데, 이는 반드시 지양해야 하는 행동이다.

그 이유는 일반 가전제품을 사용할 때는 차단기를 바로 올려도 아무 문제가 되지 않지만, 전동공구나 전기톱 등 위험한 공구를 작동하다가 전원이 차단됐을 때 전동공구 스위치가 켜진 상태로 차단기를 올렸다가는 크게 다치는 경우가 많기 때문이다. 전동공구를 사용하는 도중 전기가 나갔다면 반드시 전동공구 스위치를 끄고 차단기 전원을 올려야 한다.

앞에 나온 사진에서는 커버가 씌어 있어 전기선이 보이지 않는데, 아래 사진은 우리 가정에 실제로 전기가 들어가는 배선이 보이는 분전반이다.

배선이 보이는
분전반 내부

이 사진에서처럼 메인차단기로 들어온 전기는 다시 각각 소형차단기(누전차단기)로 분배된다. 이 각각의 누전차단기를 통하여 전등 1, 2,

3…, 전열 1, 2, 3…으로 전기가 흐르게 된다. 이때 -와 + 두 선이 똑바로 가서 콘센트에 연결되어 있으면 전열이라 하고, 두 선이 가다가 한 선은 전등 본체로 가고 나머지 한 선은 스위치를 통해 전등이나 환풍기로 연결되면 택에 전등이라 표시한다. 즉, 껐다 켰다 하는 스위치를 통하느냐 통하지 않느냐에 따라 전등과 전열(콘센트)로 나뉘게 되는 것이다.

전등은 스위치를 끈 상태에서 전등 쪽 전기를 만져도 감전이 안 되지만 전열(콘센트)의 경우 두 선을 만지는 순간 감전이 된다는 것이 차이점이다. 다만 스위치를 꺼서 감전 위험성이 없어도 접점이 불완전하게 차단되었을 경우 큰 위험을 당할 수도 있으니 전기를 만질 때는 반드시 해당 차단기를 내리고 작업을 하는 것이 안전하다.

한편, 전등 주변에서 물방울이 떨어져 불안하다고 하시는 분들이 있다. 전등 주변에 물방울이 떨어지면 겁이 나는 게 당연하다. 물이나 불처럼 우리 눈에 보이지도 않는 것이 큰불을 일으키기도 하고 인명을 앗아갈 수도 있으니 어찌 겁이 안 나겠는가.

그런데 사실 너무 겁먹을 필요는 없다. 전기선을 전등이나 전열 콘센트와 연결하는 것을 배선이라 하는데, 배선을 할 때에는 전기선 두 선만 끌어 연결하는 것이 아니고 전선관(CD관)이라는 것에 집어넣어 안전하게 한 상태에서 배선 공사를 한다. 누수된 물방울은 거의 대부분 이 CD관 외부를 타고 흘러내리기 때문에 전등이나 전열기구에 직접적으로 영향을 주기까지는 시간이 제법 걸린다. 간혹 전등이나 전열기구가 합선되더라도 앞에서 말한 누전차단기가 먼저 전기를 차단시키므로 집 안에 거주하는 사람이 전기에 감전될 염려는 없다고 봐야 할 것이다.

그렇다고는 하나 전등이나 콘센트 부근으로 물방울이 흘렀을 때는 바로 누수 전문가를 불러 누수 위치 및 원인을 파악해 즉각 조치하는 것이 좋다. 아울러 누전차단기가 수시로 내려간다면 해당 차단기 어느 곳에서 누전이 의심되므로 반드시 전기 엔지니어와 상담해 조치를 취해야 한다.

전기 누전으로 인한 화재 소식을 가끔 접하면서 전기에 대해 두려움을 가지게 되는 경우가 있다. 누수나 설비를 다루면서 왜 누전으로 인한 화재가 발생하는지, 어떤 상태에서 감전사고가 발생하는지에 대해서는 이후에 설명하겠다.

건물 이력서를 쓰자

우리는 건물가치를 상승시키는 요소를 상권이 좋은 곳, 교통이 편한 곳, 미관이 아름다운 곳에 있는 건물에서 찾아볼 수 있다. 이렇게 외적인 요소도 물론 중요하지만 앞으로는 건물의 설비나 하자에 대해 어떻게 유지보수를 했는지에 대한 기록, 즉 건물 이력이 매우 중요하게 될 것이다.

건물의 유지보수 이력은 거창하게 만들어지는 것이 아니다. 그저 몇 년 몇 월에 어떤 하자가 발생하였고, 이에 대해 어떤 조치를 취했는지 간단하게 나열만 해놓아도 된다. 그러면 나중에 건물주 본인도 건물 상태를 쉽게 파악할 수 있고, 건물관리인이 바뀌거나 매도할 때 상대방도 쉽게 건물 상태를 파악할 수 있어 여러모로 유용하다.

연월일	수리내역	수리업체	금액	비고

건물 이력 도표의 예

　건물 누수 상담신청을 받고 현장에 가보면 건물주나 점유자나 건물 관리인조차 건물 내역에 대해 무지하다 싶을 만큼 모르는 경우가 많다. 이는 건물주가 바뀔 때 매도인이 설비상황이나 유지보수 사실을 제대로 알리지 않고 매수인도 그런 내용을 묻지 않아서 생긴 문제다. 반드시 건물 이력을 문서로 남기는 것을 권장하며, 이때 사진을 첨부하면 더 좋다. 특히 누수 및 배관과 관련된 내용은 자세히 기술하는 것이 좋다.

　다시 누수 부분으로 돌아오자. 누수는 크게 우천 누수와 생활 누수 두 가지로 구분하는데, 우천 누수는 앞서 기술한 대로 몇 가지 유형을 알면 어렵지 않게 원인을 규명할 수 있다. 그런데 생활 누수는 발생 원인이 많지 않은데도 원인 규명이 어려운 경우가 많다. 그래서 층간 분쟁도 많이 발생하고 이웃 건물과의 분쟁 소지가 있으니 여기서 좀 더 자세히 알아보기로 하자.

생활 누수는 대부분 배관 문제에서 출발한다. 각 가정이나 건물 내부에는 생활편의를 위한 여러 종류의 배관시설이 있다. 건축할 때 묻어놓은 배관이 건물을 철거할 때까지 지속된다면 좋겠지만, 모든 만물이 세월이 흐르면 노후되는 것처럼 건물 배관도 시간이 지나면 노후돼 제 기능을 발휘하지 못하는 경우가 많다. 또 시공할 때 작업자의 의도치 않은 실수가 발생하면 시간이 지남에 따라 훼손 정도가 더 심해져 배관으로서의 기능이 상실돼 누수로 이어지는 경우가 종종 있다.

우리 몸의 순환계, 즉 혈관과 같은 기능을 담당하는 건물 내부의 배관을 살펴보면 다음과 같다.

이렇게 몇 종류 안 되는 배관인데 생활 누수가 발생하면 원인을 규명하기 어려운 경우가 의외로 많다. 급수나 온수에서 누수가 발생하면 육안으로나 누수탐지기를 이용해 그런대로 빨리 누수 지점을 찾아낼 수 있지만, 하수나 오수에서 누수가 발생하면 상당히 난감해진다. 특히 상가 건물에서 누수가 발생하면 하수나 오수뿐 아니라 누수탐지기를 이용해도 급수에서의 누수 지점을 파악하기 어려운 경우가 많다.

생활 누수가 발생했을 때 어느 배관에서 누수가 발생하는지를 대략적으로 확인해보고 싶으면 먼저 건물 내부의 수도꼭지를 모두 잠가야 한다. 그렇게 일단 모든 급수가 중단된 것을 확인한 뒤 수도계량기로 간다. 이때 계량기가 빠른 속도로 돌아가고 있다면 내부 수도 중 어느 것을 잠그지 않은 것으로 보고 확인해서 다시 잠근다. 아마 세탁기 밸브일 가능성이 높다.

계량기가 멈춘 상태에서 대략 20분쯤 계량기 눈금을 지켜본다. 이때 계량기가 한 눈금이라도 돌아갔다면 급수라인 문제이므로 전문가를 불러 상황을 설명해주어야 한다. 그렇게 해서 누수 지점을 파악하면 쉽게 원인을 규명할 수 있을 것이다.

그런데 상가 건물에서는 수도 밸브를 다 잠갔는데도 수도계량기가 멈추지 않고 계속 돌아가는 경우가 있다. 한마디로 수도요금 폭탄을 맞을 준비를 해야 하는 상황이다. 이 경우 금방 누수 지점을 찾을 수 있을 것 같지만 도저히 찾지 못해 날밤을 지새울 수도 있는데, 이런 말도 안되는 상황이 발생하는 이유는 다음에 설명하기로 하자. 여기에서 앞에 언급한 건물 유지보수 이력이 다시 한번 대두된다.

08

이의재의 어바웃 마이 하우스

원인을 빨리 찾으면
대책도 빨라진다

한 사람이 지나온 발자취나 업적을 적어놓은 것을 이력이라 한다. 건물 이력도 어느 건물의 건축에서부터 현재까지의 진행 상태, 즉 업종변경 상태 및 보수 상태를 기록해놓은 것을 말한다. 건물 이력을 누누이 강조하는 이유는 나중에 이것이 절실히 필요할 때가 있기 때문이다. 여기서 잠시 그 필요성에 대해 이야기해보자.

강남에 있는 어느 빌딩에서 연락이 왔다. 상수도요금이 평소보다 너무 많이 나왔다는 것이다. 상하수도사업본부에 문의했더니 분명 물을 그렇게 많이 사용했다는 답변만 돌아왔다고 한다. 아무리 생각해도 이해가 안 돼 누수탐지업체를 불렀는데, 그 업체는 빌딩에서 누수가 발생하고 있다는 진단만 내릴 뿐 정확하게 어느 위치에서 누수가 되는지를 찾지 못했다. 그래서 결국 필자에게 연락한 것이다.

필자도 누수탐지기와 기타 장비를 대동하고 현장에 도착해 조사를 시작했는데, 누수 지점을 파악하기가 너무 어려웠다. 일단 지하에서 누수가 되는 것은 파악했는데, 뻔한 공간의 도대체 어디에서 그 많은 양이 누수되는지 위치 파악이 쉽지 않았다.

급수관을 따라 바닥 타공을 하고 싶어도 세입자가 인테리어를 워낙 잘해놓은 까닭에 건드렸다가는 돈폭탄을 맞을 게 뻔했다. 또한 24시간 영업을 하는 점포여서 손님을 받지 못하면 손해배상도 해주어야 할 형편이어서 참으로 진퇴양난이있다. 건물주는 발을 동동 구르고 건물관리인은 뒷짐 지고 먼 산만 바라보고 있었다. 필자도 이 상황에서 발을 빼고 싶었지만 체면이 말이 아니라 잠시 쉬려고 지하 집수정 쪽으로 발길을 돌렸다. 아침부터 밤 12시가 넘어서까지 누수 위치 파악이 안 되니 정말 짜증스러웠다.

그렇게 잠시 쉬면서 건물 구조를 보니 구조가 약간 이상하게 보였다. 그래서 관리인을 불러 구조에 대해 물어보니 모른다는 대답만 돌아왔다. 건물주에게 물어봐도 모른다고 하고, 세입자도 모르겠다고 했다. 필자가 보기에는 분명히 인테리어 벽과 외부 벽 사이가 30cm 이상 벌어져 있는데 아무도 모른다니 참으로 답답했다. 더 이상 찾아볼 누수 장소도 없는데 시간은 어느새 새벽을 향하고 있었다. 피곤이 엄습해왔다.

결국 필자는 육감적으로 공간이 존재할 것으로 생각되는 벽을 타공하기로 결심했다. 안쪽 인테리어 벽을 타공하면 돈폭탄이 날아올 상황이어서 돈이 안 들어가는 집수정 옆 콘크리트 벽을 타공했다. 역시 예상대로 빈 공간이 나왔다. 벽을 일부 허물고 난 뒤 육안 검수를 해보니 수도밸브가 눈에 보였고, 그 밸브에서 누수가 진행되고 있었다.

다음 날, 건물주에게 수도밸브가 왜 거기에 있는지 물어봤더니 10년 전 그곳에 식당이 있었다고 말했다. 식당이 철수하면서 수도밸브를 막아놨는데, 10년의 세월이 흐르면서 막아놨던 부위가 부식돼 누수가 진행되었던 것이다.

이 사례의 경우 예전에 이곳이 식당이었다는 업종내역과 주방위치에 대한 건물 이력이 있었다면 어렵지 않게 누수 지점을 찾을 수 있었을 것이다. 하지만 어디에도 그런 내용이 없었기에 큰 어려움을 겪은 것이다. 그래서 건물 이력이 반드시 필요하다.

일반적인 건물 내에서의 급수관 누수는 건물주에게 상하수도요금 폭탄을 안겨주는데, 사실 그보다 먼저 아래층에 불편을 주는 일이 많이 발생한다. 어떤 경우는 아래층뿐 아니라 자신의 거주지에도 불편을 야기한다.

누수된 물이 본인 주거지 벽체에
피해를 준 경우

급작스레 불편을 주는 급수관 누수는 거의 이음 소켓에서 발생하는데, 이는 주로 코너 부위의 L자 소켓과 세면대와 변기 등이 나뉠 때 쓰는 T자 소켓의 이음새에서 발생한다.

싱크대 밑 L자 소켓에서 발생하고 있는 누수

싱크대 밑 하수처리관 접속불량으로 인한 누수

또한 이음새가 아닌 배관 자체에서 누수가 발생하는 상당수의 경우, 작업자들이 타카(실못) 작업을 하다가 실수로 배관에 타카가 박혔는데 이를 인지하지 못하고 그대로 둔 상태로 몇 년이 흘러 실못이 부식되면서 누수가 발생하게 된다. 이런 것들은 대부분 신축 시에 발생하는 것이 아니라 실내 인테리어 공사나 리모델링을 한 이후 나타나는 현상이다. 그러므로 인테리어나 리모델링 당시의 배관 사진을 가지고 있거나 작업 일지 또는 공사완료보고서 등을 가지고 있으면 누수의 원인이나 위치를 빨리 파악해 조치를 취할 수 있다.

병의 원인을 빨리 찾으면 치료가 빨리 되듯이 누수도 원인을 빨리 찾으면 대책이 빨라진다. 이 점을 명심하고 건물 이력을 성실히 작성하기를 바란다.

상하수도요금 절약은
누수 예방으로

건물 신축이나 리모델링 작업 시 작업자들의 예기치 못한 실수나 부적격 제품 사용으로 인해 몇 년이 지난 뒤 급수관이나 난방, 보일러관 누수로 연결되는 경우가 의외로 많다. 서초동 상가건물 지하에 있던 음식점도 이에 해당하는 사례였다.

음식점 주인은 필자에게 전화를 걸어 몇 주 전부터 주방 바닥에서 물이 계속 올라온다고 했다. 하수관 파열도 아니고, 급수관 누수도 아니고, 딱히 문제될 게 없어 보이는데도 바닥에서 물이 계속 솟아오른다는 것이다. 집수정 문제인가 해서 집수정 라인을 살펴봐도 문제가 없었다고 한다. 그래서 물이 어느 정도 차면 임시방편으로 쓰레받기나 마른걸레로 물기를 제거해가며 주방을 사용해왔는데 너무 불편하다고 했다.

필자는 일단 누수된 물이 어디에서 시작되는지를 알기 위해 벽면에 빙 둘러 습지를 놓아두고 주방 중앙 부근에도 같은 방법을 사용했다. 조금 지나자 냉장고로 가려져 있던 벽 방향에서부터 습지가 젖기 시작했다. 누수의 시작점이 냉장고 방향으로 확인되는 순간이었다.

냉장고 벽부 바깥쪽은 지하 화장실이었다. 그런데 이 음식점의 화장실도 꽤나 신경을 쓴 터라 건드리기가 영 불편했다. 그래도 어쩌겠는가, 손을 대야 한다면 그럴 수밖에. 그렇게 누수 위치를 파악해 관로를 교체해주고 공사를 잘 마쳤다.

이 사례 역시 화장실 리모델링 작업을 하다 작업자가 목재에 실못을 박는다는 게 실수로 급수배관에 박아 문제가 발생한 것이다. 당시에는 아무 문제가 없었지만 몇 년이 지나자 실못이 부식하면서 누수가 되었던 것이다.

층별	상호	업종	월 임대료	관리비	임차기간
101					
102					
103					
104					
105					
106					

건물 이력 작성의 예

그런데 건물주는 자기 건물 지하에서 화장실 리모델링 공사가 진행됐다는 사실조차 몰랐다고 했다. 이는 세입자 역시 마찬가지였다. 앞서 거주한 임차인에게 승계를 받았기 때문에 몰랐다는 것이다. 건물 이력을 작성해야 할 필요성이 또 한 번 강조되는 사례였다.

용도변경 리모델링에 따른 누수의 사례를 하나 더 살펴보자.

광진구의 한 건물 지하에서 심각한 누수가 발생한다는 연락이 왔다. 4층은 일반 사무실이라 물 사용량이 많지 않고 누수도 없었으며, 3층과 2층은 공실이어서 물을 사용하지 않는 상태였다. 그래도 혹시나 해서 누수 체크를 했는데 역시 누수가 없었다.

1층을 포함해 모든 층의 화장실과 배관을 살펴봐도 누수점이 파악되지 않아 역시 고민이 되었다. 모든 급수밸브를 잠가도 메인 수도의 계량기는 팽팽 돌아가고 있었다.

결론은 메인 계량기에서 1층으로 가기 전의 급수배관이 터진 것으로 추정되었다. 그런데 이것은 굉장히 복잡한 사고다. 파손된 관로를 찾으려면 메인 계량기가 시작되는 곳에서부터 땅을 굴착하고, 나중에는 건물까지 손을 대야 하는 상황이 발생할 수도 있기 때문이다.

필자는 일단 메인 관로 파손이 원인이라 추정하고 관로가 어떻게 건물로 들어갔는지를 살피기 위해 1층 뒤편에 있는 창고를 헤치고 들어가 건물 외벽의 드라이비트를 찾아냈다. 혹시 드라이비트 쪽에서 누수가 발생하는지 체크해보니 이것도 아니었다. 그래도 관로 방향을 대략 잡았으니 다행이라고 생각하면서 돌아 나오는데 쪽문이 하나 보였다. 온

갖 폐기물이 문앞을 막고 있어서 별다른 의심 없이 나오다가 '혹시?' 하는 생각이 들었다. 그래서 쌓여 있는 폐기물을 모두 치우고 문을 열어보니 사용한 지 오래된 간이 샤워장이 나왔다.

물 흐르는 소리가 작게 들렸다. 입구의 쓰레기를 치우고 배관 라인을 살폈더니 그곳에서 누수가 진행되고 있었다. 언제인지는 모르지만 이곳이 폐창고가 되기 전 누군가가 임시로 샤워장을 만들어 사용하다가 떠나버린 것이다. 물론 샤워밸브는 잠그고 떠났지만 계절이 바뀌면서 외부에 노출된 배관이 얼었다 녹았다를 반복하다가 어느 순간 터져버린 것이다.

이 건물 역시 건물주가 얼굴을 비치는 건물이 아니어서 간이 샤워장의 존재 여부를 어느 누구도 몰랐고 건물 구조를 아는 사람도 당연히 없었던 것이다. 그동안 상하수도요금이 많이 나왔을 텐데 그것조차 신경 쓰지 않았으니 건물주가 건물 이력에 대해 신경 쓸 일은 더욱 없었을 것이다. 지하 의류창고의 누수가 아니었다면 매달 사용하지도 않은 상하수도요금을 억울하게 지불해야 하는 불상사가 지속적으로 발생했을 것이다.

전기요금과 마찬가지로 상하수도요금도 누진세가 적용된다. 누수가 되는 것을 빨리 발견하면 상하수도요금이 크게 많이 나오지 않겠지만, 누수가 되는 것을 모르고 있다가 어느 날 상수도사업본부에서 집에 누수가 의심된다는 연락이 오면 상하수도요금 폭탄을 맞을 가능성이 매우 크다.

상하수도요금이라 불리는 이유는 수도요금 청구서에는 항상 하수요금이 같이 나오는데, 이는 각 가정에 들어간 수돗물 양과 사용하고 버려지는 하수량이 같은 것으로 간주해 청구하기 때문이다. 수돗물을 아껴 사용하면 하수요금도 줄어들어 결국 상하수도요금이 절약된다는 사실을 상식으로 알아둘 필요가 있다.

거듭 말하는데, 건물주는 반드시 자기 건물을 방문해 임차인들과 대화를 나눠야 하고, 건물의 구조변경이나 수선 여부도 반드시 파악하고 있어야 한다.

성형수술을 하기 전에
내장질환부터 살펴보라

인체가 크게 보아 뼈와 살, 내장기관으로 구성되어 있듯이 건물도 크게 3등분을 하면 뼈에 해당하는 골조, 살에 해당하는 내·외장 인테리어, 그리고 내장기관에 해당하는 배관 구조로 구성된다. 일반적으로 사람을 보고 튼튼하다거나 호감이 간다고 할 때 이는 든든한 체격과 외모를 보고 판단하는 것이다. 이와 마찬가지로 건물도 외모에 해당하는 외장 인테리어를 보고 호감을 많이 느낀다.

하지만 건물 외관과 입지만 보고 건물을 매수했다가 큰 낭패를 보는 사람들이 많은데, 이는 대부분 법률적 하자가 아닌 기능성을 간과하는 경우이다. 그래서 내장기관의 비정상적 작동, 즉 배관 및 전기배선 문제 때문에 낭패를 보게 된다. 비단 새로 구입한 건물뿐만 아니라 기존에 살던 집도 인테리어나 리모델링을 한 뒤 배관 및 배선 문제로 인해 땅을 치고 후회하는 일이 발생한다.

송파의 어느 아파트에서 연락이 왔다. 집을 리모델링하면서 베란다를 확장하고 베란다 바닥에 난방도 연결했는데, 아래층에서 심각한 누수가 발생했다는 내용이었다. 집주인은 인테리어 공사를 시공한 업자가 배관에 손을 잘못 대 아래층으로 누수가 발생한 것 같다고 추측하고 있었다. 필자를 부른 이유는 이 점을 확인해 아래층의 피해를 보상하는 한편 자신의 집수리 비용도 인테리어 업자에게 청구하기 위해서였다.

일단 집주인의 이야기를 듣고 난 뒤, 그 집의 배관설비를 점검하고 다시 대화를 이어나갔다. 인테리어를 언제 했는지 물으니 4개월 전에 했다고 했다. 설계는 자신이 직접 하고 인테리어 업자에게 시공을 맡겼다는 것이다. 급수, 온수, 난방 보일러 배관을 체크했느냐고 물으니 그런 것을 왜 하느냐고 되묻는 게 아닌가. 이분은 살에 해당하는 외모, 즉 인테리어에는 밝을지 모르지만 내장기관인 배관의 기능에 대해서는 무지하고 또 이를 애써 무시하는 것 같았다. 배관에 손을 대면 비용이 더 올라가기 때문이다.

배관 점검 결과 그 집에서 사용하는 온수·난방배관 자재가 지금은 사용하지 않는 제품이라는 것을 확인했다. 예전에는 많이 사용했던 유명 대기업의 제품으로 그 당시 수십, 수백만 가구에 인기리에 사용되었으나 문제점이 많이 발견돼 단종된 지 10년도 넘은 자재였다.

집주인에게 배관 자재의 특성을 알려주고 인테리어 업자의 잘못도

아니라고 설명해주었다. 그리고 집 안의 모든 배관을 교체해야 한다고
하니 아연실색했다. 수천만 원을 들여 리모델링한 지 4개월밖에 안 된
집을 다시 뜯어야 한다고 했으니 놀랄 만도 했다. 집주인이 부분 수리
에 대해 문의하기에 부분 수리를 할 수도 있지만, 결국 몇 달이나 몇 년
안에 똑같은 일이 발생할 확률이 아주 높다고 부연 설명을 해주었다.

그러자 집주인은 다시 인테리어 업자를 끌어들여 핑계를 냈다. 리모
델링 작업을 할 때 인테리어 업자가 이런 사항을 언급했다면 자신이 배
관 공사를 하고 난 뒤 인테리어를 했을 것이라고 말이다. 결국 인테리
어 업자가 그 내용을 말하지 않는 바람에 인테리어 공사로 헛돈을 쓰게
된 것이라고 울분을 토로했다.

모든 결과는 자신이 책임지는 법이다. 집주인 자신이 설계하고 시공
을 업자에게 맡겼는데 어느 업자가 자기 영역이 아닌 다른 영역에 대해
이야기를 하겠으며, 또 자기가 잘 모르는 분야에 대해 굳이 언급을 하려
들겠는가? 이 사례는 외모를 아름답게 꾸미기 위해 비싼 돈을 들여 전
신 성형수술을 했는데 내장기관이 다 썩어버려 다시 수술을 해야 하는
처지에 비유할 수 있다.

배관 체크를 하지 않아 문제가 발생한 사례를 하나 더 살펴보겠다.

마포의 한 아파트에서 발생한 일이다. 앞의 사례와 반대로 1층 세대
가 인테리어를 했는데 몇 달 지나지 않아 거실 천장이 휘고 벽지가 부
풀어 오르며 습기가 차는 현상이 발생했다. 점검 결과 2층 세대의 누수
현상 때문이었는데, 누수가 이미 오래전부터 진행된 것으로 보였다. 이

정도라면 1층 세대주가 인테리어를 하기 전에 조금만 자세히 살폈어도 위층에서 누수가 발생하고 있다는 것을 충분히 파악했을 것이다. 그런데 애써 무시하고 공사를 진행한 모양이었다.

예전에 누수가 있었느냐고 물었더니 누수가 발생했다가 오래전 멈추었기 때문에 별 의심 없이 인테리어를 진행했다는 답이 돌아왔다. 천장이 휠 정도의 누수라면 오래전부터 아래층에 다양한 현상이 나타났을 것인데, 그런 현상들을 무시하고 무리하게 성형수술(인테리어)을 감행한 것이다.

배관 점검 결과 이 아파트도 지금은 잘 사용하지 않는 강관을 사용한 건물이었다. 강관 배관의 단점은 첫째, 녹물이 나온다는 것이고, 둘째, 배관이 녹슬면서 누수가 발생한다는 것이다.

이 사진과 같은 모양의 배관일 경우, 리모델링이나 인테리어 계획이 있다면 반드시 배관부터 교체할 것을 권한다.

자기 집 배관이 궁금한 분들은 당장 보일러실에 가서 보일러 온수, 난방관을 확인해볼 것을 권한다. 이때 보일러 바로 밑을 보는 것이 아니라 보일러 바로 밑의 배관을 따라가다 보면 방바닥으로 들어가는 부분이 보인다. 그런데 만약 왼쪽 사진과 같은 모양의 배관일 경우, 리모델링이나 인테리어 계획이 있다면 반드시 배관 교체부터 하고 성형수술을 할 것을 부탁드린다.

누수로 인한 피해보상 문제는 어떻게 해결할까?

누수로 인해 피해가 발생했을 때 수선충당금과 보험제도를 이용하면 피해보상 문제를 원만히 해결할 수 있다. 어느 분이 세대와 관리단(아파트관리사무소)의 누수 책임소재에 대해 필자에게 문의를 했다.

그분이 거주하는 세대 거실에서 누수가 발생해 외벽, 창틀, 베란다 등을 모두 살펴봤으나 이상이 없어 결국 거실 천장을 뜯어보니 스프링쿨러에서 누수가 되고 있었다. 스프링쿨러 문제로 누수가 발생했으니 관리단에서 수리해줄 것을 요청했는데, 아파트관리소장은 스프링쿨러가 세대 전용공간에 위치하고 있으니 세대주가 해결하라고 했다. 그래서 소방서와 몇몇 곳에 문의를 한 결과 분명히 관리단에서 수리해야 한다는 답변을 받았는데, 관리소장이 계속 발뺌을 하자 결국 필자에게 문의

하게 된 것이다.

결론부터 말하자면, 스프링클러의 위치가 세대 전용 안쪽에 위치하더라도 스프링클러의 누수는 관리단에서 책임을 져야 한다. 아파트와 빌라를 비롯한 모든 건물은 공용부와 전용부로 나뉘게 된다. 공용부는 공동으로 사용하는 옥상, 계단, 복도, 현관 출입부 등을 가리키는데, 이 공용부에서 일어나는 사건, 사고에 대해서는 관리단이 책임을 지는 것이 당연하다.

그런데 왜 세대 전용에 들어와 있는 스프링클러는 책임소재가 세대주가 아니라 관리단에 있을까? 수도를 예로 들어 설명해보겠다. 상하수도사업본부는 급수한 수돗물을 건물 앞 수도계량기에 도달시키는 데까지 책임소재가 있어 건물 메인계량기에 도달하기까지의 누수는 상하수

위 사진은 주택이나 일반상가 건물의 계량기다. 좌측 수도밸브까지가 상하수도사업본부 소관이고, 이후 계량기를 통과한 누수는 관리단이나 세대의 책임이다.

도사업본부에서 보수책임을 진다. 이후 건물 메인계량기를 통과하고 난 뒤의 파손, 누수사고의 경우는 건물관리단에서 보수책임을 지게 된다.

건물 공용 메인수도관을 지나간 수돗물은 다시 각 세대로 공급되는데, 공용수도관에서 세대수도관으로 분기되는 곳에는 세대 전용계량기가 별도로 설치된다. 여기서부터가 세대주가 책임을 져야 하는 곳이다. 세대 전용계량기를 통해 들어온 이후의 급수누수나 보일러 온수, 난방, 하수누수까지 모든 것이 각 세대의 책임인 것이다.

이해가 빠른 독자들은 이미 짐작하겠지만, 스프링클러에는 세대 전용계량기가 달려 있지 않다. 즉, 스프링클러는 공용부에 해당하므로 세대가 아니라 관리단에서 책임을 지게 되는 것이다. 각 세대와 관리단의 누수 책임소재는 계량기의 유무에 따라 가려진다.

그러나 집합건물에서 모든 누수의 책임소재가 계량기 유무로 가려지지 않는 경우도 있다. 예를 들어 아래층에 상가나 기타 시설이 입점해 있고 위층에 횟집, 음식점 등 물을 많이 쓰는 가게가 입주해 있는 상태에서 만약 아래층 입주업체의 천장 여러 곳에 누수가 발생한다면 그 책임소재를 어떻게 따질 것인가?

누수가 있는 지점을 하나하나 찾아서 입점업체를 상대로 개별 청구를 해야 하는가? 그렇다면 위층에서 물을 사용하지 않는 곳 아래쪽 천장에서 누수가 발견됐다면 아래층 피해업체가 수리비용을 부담해야 하는가, 아니면 다른 누구에게 책임을 물을 것인가?

우리가 관리협의회를 구성해 관리비를 납부하고 충당하는 이유는 이러한 분쟁이 생길 경우에 대비하기 위해서다. 입점업체에서 명확히 원인을 규명하기 어려운 누수가 발생했을 때 입점업체는 관리단에 이의 제기를 하고, 관리단은 수선충당금을 사용해 누수부분을 수리해주어야 할 의무가 있다.

그러나 공동주택에서 위층의 누수로 인해 아래층에 피해가 발생했다면 누수원인을 발생시킨 세대에서 그 피해를 보상해주어야 하며, 누수원인 세대는 자신의 피해와 복구비용을 스스로 부담해야 한다. 또한 이런 일이 발생할 경우 원인제공 세대주의 부담이 크기 때문에 이에 대비해 피해보상을 위한 보험제도가 마련돼 있다. 이런 제도가 누수로 인한 분쟁에서 좋은 해결방법이 될 수도 있을 것이다.

화장실 방수층이 손상된다면?

누수에 대한 글을 주로 연재하다 보니 "왜 누수만 다루느냐? 다른 장르도 좀 다뤄달라"는 요청을 가끔 받는다. 그런데도 계속 누수를 거론할 수밖에 없는 이유는 건물에서 발생하는 가장 중요한 하자가 바로 누수이기 때문이다.

중고등학교 시절, 중요한 부분은 밑줄 쫙~ 긋고 반복하고 반복했던 기억이 아마도 남아 있을 것이다. 누수는 우리 실생활에서 아주 중요한 부분이기 때문에 반복하고 또 반복해야 하는 주제다.

일반적으로 건물을 지을 때 내부에 방수를 하는 장소는 화장실 라인과 베란다 라인 두 곳이다. 이 두 장소가 물을 가장 많이 사용하는 곳이기 때문이다. 싱크대에서도 물을 많이 사용하는데 왜 이곳에는 방수를 하지 않는지 궁금해하는 사람들이 있다. 그 이유는 베란다와 화장실 라인은 일단 사용한 물이 타일 바닥으로 흘러내린 다음 이 물이 배수관을 타고 하수처리를 거치는 반면, 싱크대에서 사용한 물은 즉시 배수관을 통해 하수처리가 되기 때문에 싱크대 주변은 방수처리를 하지 않는 것이다.

그런데 화장실에 방수처리를 하지 않으면 어떻게 될까? 아래층에서 볼 일 보던 사람이 어떤 날벼락을 맞게 될까? 상상은 독자들에게 맡기겠다.

건물 누수의 상당부분은 화장실 라인에서 발생한다. 화장실 안쪽에는 변기, 세면기, 샤워기 등 여러 종류의 급수배관과 아울러 이것을 재처리하는 오수관과 하수관이 있어서 화장실은 항상 누수의 위험지대다.

화장실 누수의 경우 체크해야 할 배관이 많다 보니 장소가 좁은데도 의외로 시간이 많이 걸린다. 급수·온수배관의 누수일 때는 그래도 빨리 원인이 잡히는데, 하수관 파열이나 방수막 파열로 인한 누수는 잡아내기가 힘들다. 그런데 우리가 상상하기도 어려운 데서 발생하는 누수도 있다. 다음 사진을 자세히 보자.

변기 아랫부분이 두껍게 덧칠해져 있다. 처음부터 하부 백시멘트를 두껍게 바르는 경우도 있지만, 많은 경우 두껍게 덧칠되어 있는 이유는 변기 밑으로 물이 배어 나왔기 때문이다.

앞의 변기 사진을 보면 변기 아랫부분이 두껍게 덧칠해져 있는 게 보일 것이다. 처음부터 하부 백시멘트를 두껍게 바르는 경우도 있지만, 두껍게 덧칠돼 있는 것은 대부분 변기 밑으로 물이 배어 나왔기 때문이다. 변기 밑으로 물이 배어 나온다는 것은 변기 밑의 오수관이 막혔거나 변기와 오수관의 센터(씽)가 맞지 않아서 생기는 현상이다.

이제 소변기를 떼어낸 다음 사진을 보자. 사진을 보면 하부가 검게 변하고 물기로 가득 차 있는 게 보일 것이다. 이 검은 물이 밑에서 볼일 보는 사람에게 떨어진다고 상상해보라. 얼마나 끔찍한 일인가?

소변기를 떼어낸 사진을 보면 하부가 검게 변하고 물기로 가득 차 있다. 이 검은 물이 밑에서 볼일 보는 사람에게 떨어진다고 상상해보라.

변기 하부에서 물이 배어 나오는 현상이 발견되면 하부를 백시멘트로 덧씌워버리는 경향이 있는데, 이는 반드시 지양해야 할 방식이다.

물이 변기 밑으로 배어 나온다는 것은 변기에 분명 문제가 있는 상황이므로 업자를 불러서 변기를 떼어내 해결하고 다시 설치해야 한다.

변기 아래쪽 누수는 오수관이 막혔거나 변기와 오수관의 씽(센터)이 맞지 않아 발생하는 문제다. 사람들은 막힌 것은 이해하겠는데 씽이 안 맞는다는 것은 이해하기가 어렵다고 한다. 그 이유의 대부분은 인테리어 공사 이후 발생한 것이기 때문이다. 화장실 인테리어를 할 때 타일까지 모두 철거하고 새로 치장하려면 폐기물도 많이 나오고 먼지도 많이 발생해서 생활에 막대한 불편을 줄뿐더러 비용도 많이 들어가게 된다. 그래서 많은 사람들이 바닥이나 벽면 타일을 철거하지 않은 채 그 위에 타일을 덧붙이는, 일명 덧방 작업을 하는 것이다.

건물을 지을 때 도면에는 벽면과 변기 센터의 간격에 대한 규격이 나와 있는데, 어떤 경우 간격 여유를 주지 않고 빡빡하게 변기를 앉히게 설계돼 있다. 이 상태가 건물을 철거할 때까지 유지된다면 문제가 없겠지만, 도중에 인테리어 공사를 하면서 철거하지 않고 덧방만 하게 되면 벽면과 변기 사이에 약 10mm 정도의 간격이 사라진다. 그래서 변기를 다시 앉힐 때 센터가 맞지 않게 되는 것이다. 그렇게 되고 난 다음에는 상상만 해도 불쾌한 변기 누수로 발전하고 만다.

누전에 대처하는 방법

건물 하자 유지보수를 다루다 보면 누수 못지않게 심각한 상황을 종종 발견한다. 그것은 바로 사람들의 생명과 안전에 직결되는 누전 현상이다. 몇 년 전 제천에서 발생한 화재로 큰 피해가 발생했는데, 화재 원인이 열선 누전이었다는 보도가 있었다. 어떤 이들은 단순한 열선 누전에서 이런 대형화재가 발생할 수 있다는 것을 의아해하지만, 누전이라는 게 사람 눈에 바로 발견되는 것이 아니어서 여차하면 대형사고로 이어지는 건물의 큰 결함이다.

누수가 중간에 물이 새는 것이라면 누전은 의도하지 않은 곳으로 전기가 새는 것을 뜻한다. 또한 누수가 건물에 막대한 피해를 준다면 누전 또한 인명사고와 직결되는 대형사고를 유발하는 요인이 된다. 그런데 건물주나 사용자는 누수에는 즉각 반응하면서도 누전에 대해서는 별생각 없이 지내는 듯하다. 표시가 잘 나지 않는 데다 지각하기가 쉽지 않아서이기도 하겠지만, 누전에 대해서는 사회 전반에 안전불감증이 만연한 듯하다.

일반적으로 주택이나 아파트 세대에는 220V의 전압이 들어오지만 상가빌딩이나 공장에서는 380V와 220V를 겸용으로 쓴다. 110V, 220V, 380V의 전압 차이는 힘의 차이라고 보면 된다.

발전소에서 발전된 전기를 멀리 보내려면 중간에 막대한 전력 손실이 발생하는데 154kV, 345kV, 765kV 등의 고압으로 송전을 하면 송전 전력의 손실이 적어지게 된다. 380V, 220V, 110V도 마찬가지로 건물에서 전력을 손실 없이 얼마만큼 힘 있게 보내는지의 차이라 생각하면 된다. 그래서 전압이 낮을수록 사람에게는 조금 더 안전하다.

하지만 우리가 사용하는 가정용 전기가 비교적 힘이 약한 220V라고 해서 우리에게 해를 미치지 않는다고 생각하면 큰 오산이다. 220V 감전 사망사고도 왕왕 발생하고, 신체에 큰 후유증을 남길 수 있다는 것을 늘 상기해야 할 것이다.

대부분의 가정이나 상가에 새로 입주하는 사람들은 이전 점유자들이 사용하던 콘센트나 스위치를 그대로 사용하기 때문에 기존 전선이 얼마나 낡았는지를 고려하지 않는다. 오래된 전선을 교체하지 않고 사용하다 보면 누전으로 인해 화재가 발생할 수도 있고 인사 사고로 이어질 소지가 있는데, 우리는 전기에 대한 교육을 제대로 받은 적이 없다.

대부분의 사람들은 전선은 한 번 포설하면 평생 사용한다는 옳지 않은 생각을 하고 있다. 그래서 사람들이 두려워하는 누전으로 인한 전기합선(쇼트)과 감전에 대한 글을 쓰며 전선 교체의 중요성을 이야기하려는 것이다.

전기합선이 발생하면 "퍽" 하고 큰 소리가 나면서 전기가 끊기게 된다. 왜 이런 일이 발생할까? 전기합선은 전위차에 의해 발생한다. 쉽게 이야기하면 220m 높이의 댐에서 0m의 바닥으로 물이 떨어지는 것을 상상해보면 된다. 220m의 높이에서 0m 바닥으로 직접 물이 떨어지면 상상하기 어려운 엄청난 굉음과 진동이 발생할 것이다. 그런데 220m의 높이와 0m 바닥 사이에 커다란 물레방아가 돌고 있다면 완충작용으로 굉음과 진동이 발생하지 않는다.

전기도 똑같은 구조다. 220V의 힘이 들어갈 때 그 힘을 받아들일 전등이나 청소기 등의 완충제가 있어 힘을 다 쓰고 나온다면 전기는 순한 양이 될 것이다. 반면 220V가 들어가 그 힘을 소진하고 나와야 하는데 그 힘을 소진하지 못하고 나오면 어딘가에 남은 힘을 써야 하는 상황이 발생한다. 그 결과가 바로 전기합선으로 나타나는 것이다. 즉, 220V의 힘이 중간 저항체 없이 0V의 힘과 직접 마주치거나 중간 저항체가 너무 작으면 쇼트가 발생한다.

그러면 220V의 힘과 0V의 힘은 어떤 상황에서 만날까? 간단히 말해 사용하는 전기선 두 가닥이 저항체인 전등이나 전기기기 없이 직접 붙게 되는 상황이 되면 발생한다. 오래된 전선을 계속 사용하다 보면 풍화작용이나 경화 또는 다른 이유로 전선피복에 상처가 나고, 상처 난 피복 속으로 먼지나 물 등의 이물질이 들어가 전선 두 가닥을 직접 붙게 하는 경우 합선이 일어난다. 이때 강한 힘이 서로 부딪치면서 열과 불꽃이 발생하는데, 이 열과 불꽃이 먼지나 인화물질 속으로 들어가 화재를 유발시킬 때 이를 누전에 의한 화재라고 한다.

전선의 경화(노화) 상태를 일반인들이 잘 구별할 수는 없지만 간단히 테스트해보는 방법이 있다. 먼저 차단기를 내린 뒤 전선을 구부려봤을 때 신축성이 있으면 경화가 안 된 것이고, 신축성이 떨어지거나 쉽게 부러지면 경화 정도가 심한 것으로 판단해 즉시 전선 교체 작업을 해야 한다.

노후 건물의 경화된 전선. 차단기를 내린 후 전선을 구부려봤을 때 신축성이 있으면 경화가 안 된 것이고, 신축성이 떨어지거나 쉽게 부러진다면 경화 정도가 심한 것으로 판단하고 즉시 전선 교체 작업을 해야 한다.

일반적으로 노후된 건물은 대부분 전선 교체 작업이 이루어지지 않았다고 봐야 한다. 입주 시 전등이나 콘센트를 교체할 때 전기 작업자에게 경화 정도를 물어보고 전선을 교체한다면 누전을 걱정하지 않아도 되고 전기요금도 절약될 것이다.

감전사의 원인은 심장마비

감전사의 1차적 원인은 심장마비다. 220V 전기에 감전되면 찌릿찌릿한 정도라고 별것 아닌 것처럼 이야기하는 사람들이 있는데, 이는 220V에 감전돼 사망에 이르는 경우가 왕왕 발생한다는 사실을 모르고 하는 말이다.

전기감전으로 인한 사망사고를 '감전사'라고 하며, 시커멓게 타서 죽는다거나 인체 속 수분이 증발해 죽는다는 등 여러 가지 이야기가 전해진다. 그런데 사실 감전에 의한 1차 사망 원인은 쇼크로 인한 심장마비다. 화재가 발생했을 때 불에 타서 죽는 게 아니라 먼저 연기에 질식돼 죽는 것과 같은 원리다.

사람이 감전되는 이유는 사람 자체가 부도체가 아니라 전도체이기 때문이다. 즉, 사람은 전기가 통과하는 물체라는 뜻이다. 들어온 전기가 나갈 때는 전기기기라는 저항체를 통과해 돌아 나가는데, 그 저항체가 사람이라는 매체를 통과할 때는 전기기기와 달리 심장에 쇼크를 발생시킬 수 있다. 우리 가정에서 사용하는 220V가 약전이라 해도 그 정도가 심하면 어떤 사람들은 심장에 무리가 와서 사망에 이르게 된다.

소중한 인명과 재산의 손실을 미연에 방지하기 위해 누전으로 인한 화재나 감전을 예방하는 방법은 의외로 쉬운데 사람들이 잘 모르는 것 같다. 이제 생활 속에서 알아두면 좋을 전기상식 몇 가지를 살펴보기로 하자.

1 | 적합한 누전차단기

용량에 적합한 누전차단기를 사용해야 한다. 즉, 전기기기나 전열기가 필요한 전력에 맞은 누전차단기를 사용하는 것이다. 전열기가 최대 100의 힘을 사용할 경우 누전차단기는 일반적으로 150 정도를 사용해야 한다.

2 | 전선

전선을 포설할 때는 누전차단기가 허용하는 용량보다 더 큰 용량의 전선을 포설해야 한다. 사용하는 전열기기가 100의 힘을 쓰고 있는데 갑자기 과부하가 걸려 200의 힘을 사용할 때 누전차단기가 즉시 차단되어야 사고를 방지할 수 있다. 그런데 이 잘못된 200의 힘을 전선에서 누전차단기로 120이나 140의 힘만 전달한다면 내려가야 할 누전차단기가 내려가지 않고 오히려 전선에 무리한 열만 발생시켜 화재로 이어지게 된다. 더 심한 경우 기구 사용자를 감전 상태로 만들어 부상당하게 하거나, 쇼크로 인해 사망에 이르게 할 수도 있다. 따라서 전선은 반드시 사용 용량보다 더 큰 굵기로 포설해야 한다.

3 | 누전차단기 분배

누전차단기는 여러 개로 나누어 사용해야 한다. 흔히 한 개의 콘센트에 여러 개의 전열기를 사용하지 말라고 하는데, 누전차단기를 여러 개 사용해 전력사용량을 적절하게 분산시키는 것이 옳은 방법이다.

음식점을 운영하는 필자의 선배는 새 가게를 오픈할 때마다 전선을 새로 포설하고 전기기기가 쓰이는 곳마다 누전차단기를 설치한다. 오랜 장사 경험으로 터득한 노하우인데, 혹여 전기가 나가더라도 한 군데서만 나가야지 여러 곳에서 동시에 나가면 영업 활동에 큰 지장이 생기기 때문이다. 전선 교체만 잘해도 전기요금이 절약되는데 차단기까지 적절히 분배하면 전기요금 절약은 물론 안전까지 확보할 수 있으니 현명한 선택이다.

4 | 젖은 손

젖은 손으로 전기기기를 사용하는 것은 금물이다. 젖은 손으로 전기를 만졌을 때 사망사고가 많이 발생한다는 사실을 명심하고, 손이 젖은 상태에서는 절대로 전기스위치나 전기기구를 사용하지 말아야 한다.

5 | 물

습기가 많거나 물이 있는 곳에서는 전기기기를 사용하지 말라. 절연 테이프 등의 피복이 벗겨져 있을 경우 심선(구리선)이 노출돼 감전사고가 발생할 수 있다.

습기가 많거나 물이 있는 곳에서 전기기기를 사용하면 감전사고의 위험이 있다.

6 | 접지

반드시 접지를 해야 한다. 접지는 이상 전압이 발생했을 때 전류를 땅이나 패널로 이동시켜 사람을 보호하는 역할을 한다. 굴뚝 위나 철탑에 설치돼 있는 피뢰침과 같은 원리라고 생각하면 된다.

7 | 접촉

단선된 전기선을 함부로 만지면 안 된다. 끊어진 전선을 직접 손으로 만지지는 않지만 드라이버나 막대기로 툭툭 건드리는 경우가 있는데, 건드리는 기구가 전도체일 경우 감전의 위험이 있다.

8 | 전기기기

고장 난 전기기기는 사용하지 말 것. 전기제품이나 가전제품의 고장은 대부분 전기 인입구 접촉 불량, 저항이나 콘덴서 고장으로 인해 생긴다. 이 경우 제품을 만지다가 감전될 소지가 있으니 주의해야 한다.

일반인들은 고압전기에 감전될 위험성은 적으나 가정용 저압전기 감전에는 많이 노출돼 있다. 저압전기에 감전되면 사망사고로 이어지지는 않더라도 심각한 후유증을 유발할 수 있다. 저압에 감전된 경우 약간 찌릿찌릿할 수도 있지만 정도가 심하면 전기기구나 전선에 몸이 달라붙어 움직일 수 없게 된다. 그렇게 되면 의식은 있으나 말이 안 나오고, 몸도 움직이지 못하므로 공포에 휩싸이게 된다. 따라서 어떤 경우든 전기작업을 할 때는 반드시 2인 1조를 이뤄 작업해야 한다.

또한 전기작업을 하다가 전기에 감전된 사람이 있을 때 이를 손으로 잡아떼려고 하는 것은 절대 금물이다. 물에 빠진 사람을 어설프게 구하려다 함께 익사하는 일이 많듯 감전된 사람을 맨손으로 잡으면 본인도 같이 감전된다.

일단 감전된 사람이 보이면 나무 막대기나 PVC파이프 등 전기가 통하지 않는 부도체를 사용해 감전부로부터 떼어내야 한다. 그런 것이 눈에 띄지 않는다면 신발을 신은 채 인정사정없이 발길질을 해서 감전된 사람을 전선에서 떼어내는 방법도 있다. 무엇보다 전기안전수칙을 준수해 화재 및 인사 사고로부터 귀중한 생명과 재산을 보호하자.

누전차단기가 자주 내려갈 때

"우리 집 차단기가 자꾸 내려가서 불안합니다."

오래된 상가건물이나 주택 등을 방문하면 자주 듣는 소리다. 사실 이런 상황이 발생하는 원인은 몇 가지밖에 없는데, 일반인들은 그 원인을 모르니 불안에 떨 수밖에 없다. 이런 기본적인 전기안전교육 정도는 중고등학교에서 한 번쯤 다루는 게 좋겠다는 생각이 든다.

다음에서 누전차단기가 내려가는 이유를 알아보자.

첫째, 누전이 발생하는 경우다.

차단기가 내려갔을 때 떨어진 차단기를 만져보면 약간 열이 발생해 있다. 이때는 해당 차단기에 연결돼 있는 콘센트를 확인하고 콘센트에 물려 있는 전열기구나 가전제품의 플러그를 모두 뽑는다.

이후 off된 차단기를 올리고 콘센트에서 분리된 전열기구나 전자제품의 플러그를 한 개씩 꽂는다. 만약 어느 제품을 꽂았을 때 차단기가 내려가면 그 제품에서 누전이 발생한 것이다. 다시 한번 확인해보고 해당 제품이 맞으면 즉시 수리를 해야 한다.

둘째, 과부하가 발생하는 경우다.

이는 한 개의 콘센트에 여러 개의 전열기구와 전자제품을 연결해 사용함으로써 과도한 힘이 차단기에 전달돼 차단기가 힘을 잃고 떨어진 상황이다. 이때도 역시 콘센트에 꽂힌 모든 플러그를 뽑은 뒤 차단기를 올린다.

그런데 과부하로 인해 내려간 차단기는 누전일 때와는 달리 차단기가 곧바로 올라가지 않는다. 이럴 때는 고장이라 생각해서 허둥대지 말고 5~10분쯤 기다렸다가 다시 차단기를 올려봐야 한다. 과부하로 인해 내려간 차단기는 열이 많이 발생한 상태이기 때문에 충분히 식어야만 차단기가 다시 올라간다. 이 점을 기억해두기 바란다.

한편, 누전이나 과부하로 내려간 차단기가 다시 올라가지 않는 경우가 왕왕 있다. 이럴 때는 차단기가 완전히 차단되지 않고 중간에 걸려 있는 트립 상태일 것이므로 차단기를 아래로 완전히 내린 다음 다시 올려줘야 한다. 초보자들은 혹 실수할 수도 있으니 on/off 동작을 두세 번 반복해주는 것이 좋다.

만약 앞에서 설명한 대로 모두 해봤는데도 차단기가 올라가지 않으면 차단기 불량이거나 습기 또는 누수에 의한 누전이 의심되는 상황이므로 즉시 전문가를 불러 수리해야 한다. 누전이 의심되면 반드시 전기 전문가와 상담할 것을 권한다.

인테리어 공사 후 누수의 주범은 덧방 작업

"갑자기 천장에서 물방울이 뚝뚝 떨어집니다."

다급한 연락이 와서 현장을 방문해보면 대부분 주방이나 화장실과 관련되어 있다. 빌딩이나 주택의 생활누수는 특히 화장실과 많이 연관돼 있다. 건물에서 물을 가장 많이 사용하는 곳이 화장실이고, 그만큼 급배수·배관 라인이 많은 장소여서 누수도 많이 발생한다.

화장실 누수는 건물의 노후화에 따라 발생하기도 하지만, 건물 리모델링이나 인테리어 공사 이후 약간의 시간이 경과된 뒤 발견되는 경우가 많다. 이 경우는 대부분 본관 문제가 아니라 배관 조인트 부분 누수다.

조인트 누수가 발생하는 원인은 무엇일까? 인테리어 공사를 할 때 바닥 타일과 벽부 타일을 철거한 뒤 재시공을 해야 하는데, 비용과 생활상의 불편함을 이유로 기존 타일을 그대로 둔 채 그 위에 덧방 작업을 하기 때문이다. 덧방 작업을 하면 바닥 높이도 약 10mm 이상 높아지고 벽면도 10mm 정도 튀어나오게 되는데, 이때 기존 수도밸브나 변기에 적절한 연결부속을 설치하고 재시공하면 누수가 발생하지 않는다.

그런데 일부 시공자는 이것을 간과해 연결부속을 사용하지 않고 기존에 있던 것을 그대로 재설치한다. 이렇게 하면 당장은 문제없이 연결된 것처럼 보이지만, 예전처럼 제대로 잘 밀착돼 붙어 있는 게 아니라 경계선 부분이 아슬아슬하게 살짝 붙어 있는 상태다. 그래서 어느 정도 시간이 경과되면 살짝 붙어 있던 부분이 수압을 이기지 못해 틈새가 벌어지면서 누수로 발전하는 것이다. 따라서 인테리어 공사 뒤 누수가 발견된다면 세면대, 변기, 샤워기 등 모든 밸브의 연결부위를 반드시 점검해야 할 것이다.

화장실 누수는 이러한 급수·온수배관 누수 외에 하수배관에서도 종종 발생한다. 유형을 살펴보면, 오래된 건물에서는 강관이 녹슬면서 연결 L보가 파손돼 발생하는 누수가 대부분이고, 일부는 강관 자체가 파손돼 발생되는 누수도 있다. 신축 건물이나 지은 지 오래되지 않은 건물에서 발생하는 하수배관 누수는 PVC관이 깨진 경우는 거의 드물고 대부분 연결 소켓 접속불량으로 일어난다.

결론적으로, 일반적인 누수 포인트 체크는 급수·온수·오수·하수배관 라인을 살펴보는 것이다. 샤워나 세면 후 사용한 물이 하수배관 쪽으로 흘러가면서 그 물의 일부가 타일과 타일 사이(메지)를 타고 밑으로 흐르는 일이 발생하기도 한다.

화장실에서 샌 물이 아래층으로 내려갔다면 화장실 방수층에 이상이 생겼다는 뜻이다. 그런데 대부분의 사람들은 배관공사에만 신경을 쓸 뿐 방수에는 신경을 쓰지 않는다. 이 점은 반드시 지양해야 할 문제다.

　만일 타일 사이로 물이 흘러 아래층으로 누수가 진행된다면 반드시 화장실 내부 전체의 방수처리를 다시 해주어야 한다. 이는 인테리어 공사에 버금가는 큰 공사다. 또한 화장실 누수가 진행되면 아래층 건물의 전등 주변과 콘센트를 타고 물이 흐르는 상황도 발생할 수 있다. 이때 사용자는 콘센트나 전기기기를 함부로 만지지 말고 전문가와 상의해서 누수와 누전을 동시에 해결하는 것이 좋다.

누수 배관 수리 후 공기압과 물방울 거품을 이용한 테스트 작업

보일러와 누수탐지

보일러는 이미 로마시대부터 사용해 역사가 아주 장구한 난방·온수설비다. 공중목욕탕이 도서관이자 사교장이며, 휴식공간이자 복합쇼핑몰 형태의 다양한 기능을 담당했던 로마시대에 현대와 비슷한 보일러가 개발, 사용되었다는 사실은 경이로운 일이다.

현대식 보일러를 이용한 바닥 난방(Panel Heating) 시스템은 1920년대에 일본 제국호텔을 짓기 위해 우리나라를 방문한 미국인 프랭크 로이드 라이트가 조선의 구들 난방 시스템을 경험한 뒤 미국으로 돌아가 물을 이용한 순환식 바닥 난방을 개발한 것이 시초로 알려져 있다. 우리나라에 가정용 보일러가 최초로 도입된 것은 1961년 건설된 마포아파트의 연탄보일러였다. 마포아파트의 보일러는 처음에는 연탄가스 유출 위험이 크다는 등의 비판을 받았으나 편리함과 안정성이 차츰 인정되어 일반 가정에까지 연탄보일러가 널리 확산되었다. 이후 1980년대 초에 기름보일러가 국내에 소개되었고, 1990년대에는 국내 보일러산업이 급성장하는 계기가 마련되었다.

누수탐지를 하다 보면 대부분 급수관과 온수관에서 누수가 발생한다. 그 이유는 보일러에서 공급하는 따뜻한 물이 순환하면서 관로가 수축과 팽창을 반복하고, 수축과 팽창을 반복하다 보면 배관을 서로 연결한 조인트 부분이 헐거워지기 때문이다. 이렇게 헐거워진 조인트에서 발생하는 누수와 배관 자체의 미세한 파열(옆으로 찢어짐)로 누수가 진행되는 경우가 있는데, 대부분의 누수는 조인트에서 발생한다.

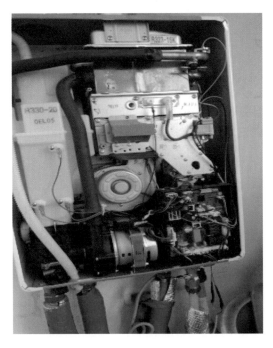

보일러의 전체 구조까지 알 필요는 없지만 기본적인 주요 부위 정도는 알아두어야 한다.

난방, 온수 누수에 대해 이야기하려면 보일러의 전체 구조까지 알 필요는 없지만 기본적인 주요 부위 정도는 알아두어야 한다. 보일러 제조회사마다 위치가 약간 차이가 있다는 점도 참고하자.

왼쪽의 보일러 사진을 보면 오른쪽 하단에 전자장치가 붙어 있다. 이것을 전자변이라 칭하는데, 보일러를 구동하는 컨트롤러라고 생각하면 된다. 오른쪽 상단에 위치한 것을 열교환기라 칭하는데, 이는 물을 데워주는 역할을 하는 장치다. 왼쪽 상단은 보통 물탱크라 부르는데, 난방수의 유무를 확인하고 난방수가 부족하면 채워주고 난방수에 찬 에어를 배출하는 역할을 한다.

간혹 보일러를 가동시키는데도 방이 따뜻하게 데워지지 않는 경우가 있는데, 이는 관로에 에어가 차 있기 때문일 수 있다. 난방관에 에어가 차 있으면 난방이 잘되지 않는다. 이곳의 물이 1년에 1~2회 정도 저수위에 위치하면 정상으로 보지만 자주 저수위에 위치하면 반드시 누수 점검을 해봐야 한다. 저수위에 있다는 것은 물 보충을 해야 한다는 뜻인데, 그 정도가 빈번하면 누수가 진행 중이라고 봐도 무방하다.

사진상으로는 잘 보이지 않지만 삼방밸브라는 것이 있다. 난방수와 온수를 택일해 공급하는 역할을 하는 것이 이 삼방밸브인데, 난방이 잘 안 될 때 점검해볼 필요가 있는 부분이다. 보일러 점검은 반드시 제조사 파견직원을 통해 할 것을 권한다.

알아두면 유용한 보일러 이야기

아파트 난방방식에는 다음 세 종류가 있다.

1. 지역난방공사에서 물을 데워서 온수와 난방수를 인근 아파트 기관
   실로 보내고 다시 각 세대로 공급하는 지역난방 방식
2. 아파트 기관실에서 물을 직접 데워 각 세대에 공급하는 중앙난방
   방식
3. 세대별로 도시가스를 이용해 난방과 온수를 자급하는 개별난방
   방식

여기에서는 우리가 주로 사용하는 개별난방 방식의 보일러에 대해

설명해보려 한다.

보일러는 열을 가해 차가운 물을 일정한 온도로 올려 따뜻하게 만든 뒤 필요한 곳으로 보내는 역할을 하는 기기를 말한다. 우리가 현재 주택용으로 사용하는 보일러는 외관상 작아 보이지만 그 안에는 지진에 대응하는 기울기센서, 일정 압력 이상에는 동작이 멈추는 압력센서 등 첨단기능이 내장돼 있다. 한마디로 실생활과 떼려야 뗄 수 없는 신통한 기기다.

보일러는 상향식 보일러와 하향식 보일러로 나뉘는데, 일반적으로 위에서 아래로 난방수와 온수를 공급하는 하향식 보일러를 주로 사용한다. 상향식 보일러는 아래에서 위로 따뜻한 물을 공급하는 시스템이므로 물을 내보내는 압력이 높아야 한다. 그래서 일반적으로 가압탱크가 내장되어 있기 때문에 가격이 비싸다.

보일러는 밀폐되지 않은 장소에 설치해야 하기 때문에 일반적으로 별도의 보일러실이나 베란다에 설치하며, 설치 높이는 바닥에서 1m 이상이어야 한다. 간혹 원룸이나 지하주택의 경우 거실이나 실내에 설치하기도 하는데, 인명 피해 등의 우려가 있어 법규상으로는 설치를 못하게 규정되어 있다. 보일러는 구조상 크게 컨트롤러, 열교환기, 물탱크(오버플로우관)로 구성돼 있다. 여기에 추가로 삼방밸브가 있다는 정도만 알고 있어도 될 것이다.

보일러 내부를 머릿속에 그리고 이제 보일러 외부를 한번 살펴보자. 보일러 하부구조는 난방공급관, 환수관, 온수관, 냉수공급관 그리고 연료공급관(가스·전기·기름)이라는 다섯 개의 배관 구조로 구성되어 있다.

보일러 밑 부분을 자세히 보면 각 관별로 명칭이 적혀 있으니 한번 확인해보기를 바란다. 보일러 하부
는 각 제조사마다 약간씩 위치 차이가 있기 때문이다.

위 사진을 보면 오른쪽의 노란색으로 보이는 것이 연료를 공급하는
가스관이다. 사진에서는 차단밸브가 잘 보이지 않지만 바로 옆 주공급
관에 달려 있다. 그 옆에 파란색으로 감싼 배관 중 차단밸브가 달린 관
이 급수관으로, 냉수(수돗물)를 보일러에 공급하는 관이다. 싱크대나 세
면대, 변기에 공급되는 냉수는 보일러에서 공급하는 것이 아니라 계량
기에서 따로 분리돼 공급된다.

급수관 오른쪽 옆의 파란색 관을 온수관이라 부른다. 보일러에서 데
워진 따뜻한 물을 샤워기나 싱크대, 세면대 등에 보내주는 관이다. 정
상적인 배관에서는 온수보일러에도 차단밸브를 설치해야 하는데 의외
로 설치가 안 된 경우도 있다.

맨 왼쪽의 두 관은 난방관이다. 하나는 보일러에서 데워진 물을 각 방

으로 공급하는 역할을 하는 공급관이며, 다른 하나는 각 방을 돌아다니며 난방한 뒤 식은 물을 다시 데워주는 열교환기로 보내는 역할을 하는 환수관이다. 보일러 밑 부분을 자세히 보면 각 관별로 명칭이 적혀 있으니 한번 확인해보기를 바란다. 보일러 하부는 각 제조사마다 약간씩 위치 차이가 있기 때문이다.

싱크대나 세면대에서 온수가 나오지 않거나 전체적인 난방이 잘 이루어지지 않는다면 보일러의 열교환기 문제일 수 있다. 하지만 온수는 나오는데 난방이 안 되거나 난방은 되는데 온수가 나오지 않는다면 삼방밸브 문제일 가능성이 매우 크다. 이것을 알고 있으면 보일러에 문제가 생겼을 때 대처하기가 쉬울 것이다.

난방관 에어 빼기로 따뜻한 겨울나기

가스관, 급수, 온수까지는 독자들이 쉽게 이해하겠지만 난방의 공급, 환수 관련해서는 조금 이해하기가 복잡할 것 같아 사진을 한 장 첨부한다.

오른쪽의 사진을 보면 공급관 밑으로 밸브가 달린 것들이 보이는데, 이것을 분배기라 부른다. 분배기는 보일러에서 공급한 난방수를 지정된 각각의 방으로 보내는 역할을 하는 기관이다. 방이 세 개에 거실이 하나면 네 개의 분배기가 각각 하나씩 방과 거실의 난방을 담당하는 것이다. 그러면 앞에 가려져 있는 분배기는 무엇일까? 이것은 각 방에 공급된 따뜻한 물이 순환을 하며 방을 데우고 식은 상태가 되면 식은 물을 다시 환수해 따뜻하게 데워주기 위해 올려주는 기능을 담당하는 환수

보일러의 공급관 밑으로 밸브가 달린 것들이 보이는데, 이것을 분배기라 부른다.

분배기다. 사실 '환수컴바이너'가 더 정확한 명칭이다.

필자가 여러 칼럼을 통해 보일러의 구조와 온수, 난방 시스템에 대해 언급한 것은 누수와 관련된 것이기 때문이다. 평균적으로 건물누수의 90% 이상이 급수·온수·난방배관에서 발생한다. 그중에서도 가장 많이 발생하는 것이 온수관이고 다음은 급수관, 난방관 순이다. 이것은 과학적 데이터로 나온 것은 아니고, 많은 보일러 누수 현장을 탐문한 결과에서 나온 필자의 경험상 통계다.

온수관이나 난방관에서 누수가 많이 발생하는 이유는 관의 수축팽창이 빈번하게 일어나기 때문이다. 건물에 사용하는 난방관은 초기에는 스틸배관이었는데 녹이 많이 생긴다는 단점이 있어 녹도 잘 슬지 않고 열전도율이 좋은 동배관으로 바뀌었다. 그런데 동배관의 설치비용이 만만치 않자 동을 대체하는 관이 개발되기 시작했고, 그 결과 우리가 익히 아는 PP관, XL관, PB관, 스텐관 등이 설치되기 시작했다. 이런 관들은 저비용으로 효율성을 높일 수 있다는 장점이 있는 반면, 수축팽창에 의해 헐거워지는 현상이 나타나고 고무 패킹의 경화 또는 헤짐으로 인해 누수가 발생한다는 단점이 있다.

한편, 자신이 거주하고 있는 집의 보일러 밑 난방배관이 어떤 것인지 확인하고 누수에 대비하는 것도 현명한 방법이다. 이때 보일러 밑에 보이는 공급관과 바닥에 깔린 난방배관이 다를 수 있다는 점도 알아두자. 즉, 배관 종류가 다른 이종 간 결합이다. 이는 보일러 교체공사를 하면서 보일러와 분배기 아래쪽 관은 시공이 용이한 배관으로 교체했지만 방바닥 관은 시공이 어렵기 때문에 기존 배관을 그대로 사용한 경우다.

겨울철에 난방을 가동할 때 어느 방은 따뜻하고 어느 방은 온도가 올라가지 않는 것을 경험해본 적이 있을 것이다. 물론 전체적으로 난방이 잘되지 않는 경우도 발생한다. 이러한 현상은 보일러 고장으로 인한 것일 수도 있지만 난방관에 에어가 차서 발생하는 경우도 있다. 따라서 고장신고를 하기 전에 에어부터 빼주는 것이 현명한 방법이다.

배관에 찬 에어를 뽑기 위해서는 먼저 방에 설치된 보일러 컨트롤러 액정에 표시된 온도보다 높게 온도를 책정해 보일러를 가동시킨다. 보일러가 가동되면 보일러 공급분배기의 밸브를 좌측이든 우측이든 하나만 개방하고 나머지는 잠근다. 환수분배기(환수컴바이너)의 에어밸브를 개방하면, 약간의 소리와 함께 물이 배출된다. 이때 물이 일정한 속도와 양으로 나오면 에어밸브를 닫으면 된다.

이렇게 첫 번째 밸브를 닫고 나서 두 번째 밸브를 개방한다. 그리고 에어밸브를 개방하고 위와 같은 방법으로 실행한다. 세 번째, 네 번째도 같은 방법으로 실행한다. 그렇게 마지막 밸브를 실행하고 나서는 전체 밸브를 개방하고 약 20분쯤 난방을 가동시킨다. 그다음에는 보일러 가동 온도를 원하는 온도로 설정한다. 만약 이렇게 에어 빼기를 하고 나서도 난방이 원활하지 않으면 제조사에 의뢰해 보일러 수리를 하면 된다.

배관에 에어가 차는 것은 자연스러운 현상이기 때문에 크게 염려할 것은 아니지만, 배관에 에어가 수시로 찬다면 보일러 제조사에 점검 요청을 해야 한다. 난방관의 에어만 잘 빼주어도 난방비가 많이 절약되고 따뜻한 겨울나기가 가능하다. 그러니 겨울에는 일단 에어 빼기에 관심을 가지자.

결로와 곰팡이

결로를 예방하려면 환기를 자주 해야 한다. 결로(結露)의 한자를 풀이하면 '이슬이 맺힌다'는 뜻이며, 건축물에 적용되는 사전적 의미는 "일정 온도의 공기가 차가운 표면에 접촉해 물방울이 되어 표면에 부착되는 현상"으로 정의된다. 즉, 건축물의 외부 온도와 내부 온도의 차이가 클 경우 외부와 접한 방 안쪽의 벽체 표면에 물방울이 맺히는데, 이러한 현상을 결로현상이라 한다.

이러한 결로현상은 환기가 잘되지 않는 곳, 벽면의 모서리 부분이나 창틀 주위에 많이 발생하는데, 정도가 심할 때는 물이 줄줄 흘러내리기도 한다. 구조물에 결로가 생기면 보기에도 흉할뿐더러 건강에 해로운 곰팡이가 피는 경우가 대부분인데, 곰팡이가 생기는 이유는 결로가 생긴 부분에 곰팡이가 서식할 만한 영양분이 충분히 있기 때문이다.

그렇다면 결로는 어떤 상태에서 생길까? 공기 중에는 수증기가 포함되어 있는데, 온도가 높을수록 수증기의 양은 많고 온도가 낮을수록 수증기의 양은 적다. 실내의 더운 공기가 차가운 벽체에 붙어 갑자기 찬 공기로 변하면 더운 공기 속에 포함돼 있던 수증기가 물방울로 변한다. 이 물방울이 결로다.

일반적으로 차가운 면과 더운 공기 사이의 온도가 12~15도 정도 차이가 나면 결로가 발생한다. 결로가 발생하면 건축물의 하자 때문이라고 생각하는 경우가 많은데, 사실 결로는 일반적인 자연현상 중 하나이므로 반드시 건축물의 하자라고 볼 수는 없다. 간혹 창호교체나 베란다 확장공사 이후 집 안에 결로현상이 나타나고 곰팡이가 발생하는 경우가 있다. 이는 인테리어 공사는 보기 좋게 했지만 거주자의 생활습관은 변함이 없어 발생하는 현상이다.

오래된 창호를 새것으로 바꾸면 외관만 예쁘게 바뀌는 것이 아니라 단열성능 면에서도 차이가 발생한다. 구형 창호는 단열성능이 떨어지기 때문에 결로가 발생하지 않았지만, 새로 바꾼 신형 창호는 단열성이 우수하기 때문에 집 안 공기가 이전보다 따뜻해졌을 것이다. 그 결과 실내와 외부의 온도차가 커져서 결로현상이 쉽게 일어나고, 이로 인해 곰팡이도 생기는 것이다.

베란다 확장공사 이후의 결로현상도 마찬가지다. 베란다가 있을 때는 베란다가 실내와 외부 사이에 완충 역할을 하기 때문에 결로가 발생하지 않는다. 그런데 베란다를 확장하면 중간 완충지대가 사라짐에 따라 실내외 온도차가 크게 발생해 결로현상이 나타나는 것이다.

그래서 섀시를 교체하거나 베란다 확장공사를 하고 난 뒤에는 환기를 이전보다 더 자주 하는 생활 습관을 들일 필요가 있다. 인테리어 공사는 잘해놓고 이전의 생활 습관대로 산다면 결로가 생길 수밖에 없다. 그런데 결로를 예방하려면 환기를 자주 해주어야 한다는 것을 알아도 막상 실생활에 적용하기는 쉽지 않다. 그래서 실내에 습기가 많거나 건축물에 통풍이 잘되지 않을 때는 환기장치를 설치해주는 것이 좋다. 특히 욕실이나 주방 등 습기가 많이 발생하는 곳에는 작은 환기시설이라도 설치해주면 결로 예방에 큰 도움이 될 것이다.

아울러 섀시를 교체하거나 베란다 확장공사를 할 때는 반드시 흡습성이 좋은 단열재로 시공할 것을 권한다. 흡습성을 고려하지 않고 단열재만 두껍게 쓴다고 해서 결로가 예방되는 것은 아니다.

21

이의재의 어바웃 마이 하우스

인테리어와 리모델링에 대하여

"우리 집, 며칠 전에 인테리어 했어. 너희 집도 리모델링을 했다며?"

이렇게 사람들이 흔히 혼용해서 쓰는 단어가 바로 인테리어와 리모델링이다. 집을 고쳐서 예쁘고 멋지게 치장한다는 의미로는 모두 같지만, 어떤 때는 인테리어라는 단어를 쓰고 어떤 때는 리모델링이라는 단어를 쓴다. 헷갈리기도 쉽고 혼용도 하는 인테리어와 리모델링의 차이는 무엇일까?

결론부터 이야기하자면 인테리어는 말 그대로 영어 '인(in)', 즉 내부의 치장을 의미한다. 그리고 리모델링은 영어 '리(re)', 즉 건물의 구조를 다시 변경하는 것을 의미한다. 벽지를 타일로 바꾼다든지, 방바닥을 석재로 꾸민다든지, 천장을 돔 형식으로 바꾸면서도 기존의 건물골조를

21 | 인테리어와 리모델링에 대하여　**107**

그대로 유지하고 미적 감각과 실용성을 추구했다면 인테리어 개념에 속한다. 반면 작은방을 헐어 거실로 개조한다든지, 건물 외벽 디자인을 바꾼다든지 하는 식으로 건물구조 변경, 즉 건축적인 것이 포함되면 리모델링이라고 표현하는 것이 옳다.

그럼 낡은 배관을 걷어내고 새 배관을 설치하는 것은 어디에 포함될까? 이때는 보통 "집수리를 했다"고 표현하는 것이 적당하다. 인테리어의 범위에는 일반적으로 전기, 조명, 바닥, 벽, 천장, 섀시, 화장실 타일, 세면대 등의 수전기구 교체, 주방 싱크대 교체, 벽장 교체 등이 포함된다. 또한 인테리어 시공에 특별한 순서는 없지만 일반적으로 철거 - 전기(조명, 배선) - 목공 - 섀시 - 타일, 도기(화장실) - 도장(페인트) - 천장, 벽, 장판 - 싱크대, 가구 - 청소 순으로 이루어진다.

필자에게 "30평 아파트 인테리어를 하려면 어느 정도 비용이 들어가느냐"고 묻는 사람들이 많은데, 이럴 때는 대답하기가 몹시 곤란하다. 어디를, 어느 정도로 할 계획인지 알려줘야 대략적인 견적이라도 산출이 가능하기 때문이다. 집집마다 다르지만 보통 2~3천만 원에서 많게는 1억 원까지 인테리어 비용이 지출되기도 한다. 인테리어를 할 때는 최고의 품질과 최상의 효과를 내고 싶겠지만 주머니 사정이 넉넉한 경우가 드물기 때문에 적은 비용으로 최상의 효과를 내는 지혜가 필요하다.

우리가 어떤 행동을 할 때는 항상 '기준'이라는 것이 있다. 소싯적에 "앞으로 나란히", "좌우로 정렬" 같은 구호를 많이 듣고 자랐을 것이다. 이때 항상 처음 외치는 구호가 "기준!"이었다. 기준을 어디로 잡느냐에 따라 오와 열, 즉 결과가 달라진다.

인테리어 공사를 하려면 내가 무엇을 원하는지, 어느 곳을 바꾸고 싶은지에 대해 명확한 기준을 세우고 일을 시작해야 한다. 범위가 막연한 상태로 공사를 시작하면 이것도 추가되고 저것도 추가돼 예산을 훨씬 초과하는 상황이 발생한다. 후회 없는 인테리어 공사를 위한 기준을 정하려면 다음에 나오는 항목들을 참조하기 바란다. 무엇을 기준점으로 삼아 공사를 할 것인지에 대해 곰곰이 생각해볼 필요가 있다.

건물 내부 인테리어 공사

1 | 도배·장판

인테리어를 한다고 할 때 대부분은 도배, 장판 문제로 시작하게 될 것이다. 이때 먼저 점검할 것은 벽지, 장판이 변색되었는지 아니면 찢어졌는지, 곰팡이가 피었는지 등이다. 그리고 난 다음 인테리어의 목적이 실용성을 위한 것인지, 미적 감각을 위한 것인지를 따져봐야 한다.

2 | 섀시

섀시 문제로 인테리어를 생각한다면 섀시는 나와 가족들도 보지만 외부인들에게도 잘 보이는 집 안 내부이자 외부라는 개념으로 접근해야 한다. 그래서 섀시를 교체하고 싶을 때는 당연히 보온, 단열성을 기본으로 하되 미적 요소도 충분히 고려해야 한다.

3 | 화장실

화장실은 묘한 공간이다. 화장실은 근대사회까지는 '변소'의 의미로 사람들이 대소변을 배출하기 위해 만든 시설로 사용되어왔다. 하지만 현대사회에 와서는 얼굴이나 머리, 옷차림 따위를 매만지고 꾸미기 위한 방, 즉 단장실을 접목해 화장실을 용변만 보는 장소가 아니라 복합공간으로 사용하고 있다.

이런 이유로 요즘에는 많은 이들이 화장실 인테리어에 세심하게 신경을 쓰고 있다. 또 하나, 화장실 인테리어를 생각할 때는 반드시 배관상태를 확인해야 한다는 점도 기억해두자.

4 | 싱크대

싱크대는 당연히 실용성이 우선 고려돼야 하지만, 주방 및 거실과의 조화가 잘 이루어지도록 설계해야 한다.

5 | 조명

조명은 거주자의 기분을 좌우하는 경우가 많은 만큼 밝고 청량한 느낌을 주는 것이 좋다. 주의할 점은 조명이나 등기구 교체 시에는 반드시 배선상태를 파악해 낡은 전선이나 용량에 맞지 않은 전선은 교체해야 한다는 것이다.

이러한 점들을 꼼꼼히 살펴 도배·장판 교체공사만 할 것인지, 창호와 섀시까지 할 것인지, 아니면 집 안 전체를 할 것인지에 대한 기준을 세워야 한다. 그리고 나서 공사를 시작하면 비용이 덜 들어간다. 이런 기준도 없이 공사를 진행하면 이것저것 추가하다가 나중에 상상치 못한 청구서를 받게 될 것이다.

구조변경을 위해 리모델링을 할 때도 왜 구조변경을 하는지, 무엇을 어떻게 할 것인지에 대한 기준을 미리 정해놓고 시작해야 상대적으로 저렴한 비용에 소기의 목적을 달성할 수 있을 것이다.

리모델링을 하면 반드시 인테리어가 따라붙기 때문에 잘못된 기준을 정하고 리모델링 공사를 할 경우 배보다 배꼽이 더 큰 상황이 발생할 수도 있다. 따라서 인테리어나 리모델링을 할 때는 반드시 왜, 무엇을, 어떻게 해야 할 것인가에 대해 명확한 기준을 세우고 공사를 시작해야 한다. 그렇게 하면 시간과 비용을 절감할 수 있을 뿐 아니라 효과도 극대화할 것이다.

철거 시 소음과 분진에 대한 분쟁

사람들은 건물의 내부나 외부를 아름답게 꾸미거나 실용성 있게 만들기 위해 인테리어나 리모델링을 한다. 이 작업을 하려면 선행되어야 하는 것이 바로 철거다. 철거의 사전적 의미는 "이미 설치되어 있는 건물이나 시설 따위를 거두어 치우는 행위"다. 건물에서 무슨 공사를 하든 반드시 선행돼야 하는 일이 철거 작업이며, 이 철거 작업 때문에 다양한 민원과 분쟁이 발생하기도 한다. 그런데 대부분의 사람들은 철거공사를 대수롭지 않게 생각하는 경향이 있다.

철거 작업을 할 때 거주 또는 상주하는 사람들이 짐을 다 싸서 외부로 이주해 건물 안에 사람과 물건들이 없으면 건물 전체 인테리어나 리모델링의 철거 작업은 순조롭게 진행된다. 하지만 인테리어나 리모델링

시 사람이 상주하거나 물건들이 건물에 남아 있을 때는 철거 작업에서 많은 어려움이 발생하므로 특별히 더 신중을 기해야 한다.

기본적으로 철거 작업을 할 때는 소음과 진동이 발생한다. 가장 큰 문제는 분진이 많이 발생한다는 점이다. 철거 작업 때 발생하는 분진이 미세먼지나 황사보다 훨씬 심하다는 것을 사람들은 잘 모른다. 모든 철거 작업이 다 그렇다는 것은 아니지만, 대부분의 철거 작업에서는 상상하지 못하는 분진이 발생한다. 그라인더 작업을 한다든지 해머드릴 작업을 할 때는 이른바 '보양작업'을 아무리 철저히 해도 시멘트 먼지가 온 건물을 뒤덮는다. 이 점을 인지하고 작업에 임하는 것이 좋을 것이다.

그런데 벽지와 장판 교체 작업 시에도 분진이 발생할까?

대답은 '아니요'다. 인테리어, 리모델링 철거 작업을 할 때 분진이 크게 발생하지 않는 경우는 도배, 장판, 전기, 섀시 등이다. 일반적인 도배 작업 시에는 분진이 발생하지 않고 철거 작업에서도 분진이 생기지 않는다. 합지벽지의 경우 대부분 철거도 없이 기존 벽지 위에 덧방 작업을 한다. 그렇게 해야 공기도 단축되고 비용도 절감되며, 무엇보다 벽지가 더 잘 붙는다.

하지만 실크벽지는 반드시 기존 벽지를 철거하고 다시 발라야 벽지가 더 잘 붙는다. 이미 발라져 있는 실크벽지는 철거 작업을 해야 하므로 별도의 철거 비용이 들어가는데, 이때도 분진은 발생하지 않는다. 단, 분진이 발생하지 않는 경우는 천장 마감재인 석고보드를 충분히 재사용할 수 있을 때에 한한다. 만일 천장 마감재가 젖었다가 다시 말라서 푸석거린다거나 너무 오래되어 경화가 심한 경우에는 분진이 발생하더라도 이를 철거하고 재시공을 한 다음 도배 작업을 하는 것이 좋다.

천장과 벽지 작업이 끝나면 장판 시공에 들어간다. 시공법은 기존 장판을 철거하고 새 장판을 시공하거나 기존 장판 위에 새로운 장판을 시공하는 방법이 있다. 이때도 분진이 많이 발생하지 않는다. 그런데 요즘은 바닥에 디럭스 타일을 시공한다든지 강화마루를 시공한다든지 또는 더 고급스럽게 타일을 시공하는 추세다. 이 경우 상황에 따라 분진이 발생할 수도 있고 냄새가 날 수도 있다.

30~40년 경력의 누수 유경험자나 베테랑 누수탐지 업자들이 간혹 누수탐지에 실패하는 원인이 강화마루, 타일마루와도 연관이 있다는 사실을 알아둘 필요가 있다. 그러면 혹시 누수탐지에 대한 분쟁이 발생했을 때 도움이 될 것이다.

일반적으로 내부 인테리어를 할 때 분진이 가장 많이 발생하는 장소는 화장실이다. 물론 화장실에서도 기존 타일에 다른 타일을 덧붙이는 덧방 작업을 하면 분진이 크게 발생하지 않는다. 하지만 기존 타일을 제거하고 새로운 타일로 교체한다든지 배관을 교체하는 공사가 시작되면, 그라인더 작업과 해머드릴 작업으로 소음과 진동뿐 아니라 많은 양의 분진이 발생한다.

이로 인해 이웃과 분쟁을 겪기도 하므로 인테리어 작업을 할 때는 반드시 작업 전에 이웃에게 그 사실을 고지하고 허락을 받아야 한다. 이 과정을 거친 뒤 작업을 해야 정해진 공사기일 안에 무난히 공사를 마칠 수 있기 때문이다.

주변상황 파악으로 분쟁 예방을

철거공사를 하게 되면 공사업체는 공사현장이 몇 층인지, 승강기 사용이 가능한지, 사다리차 등의 장비를 사용할 수 있는지, 평일에 공사가 가능한지 아니면 공휴일에만 가능한지 여부를 반드시 확인해야 한다. 이 모든 조건들이 소비자가 지출해야 하는 비용과 밀접한 관계가 있기 때문이기도 하지만 공사업체의 이익과도 직결되기 때문이다. 공사계약 후 공사를 진행할 때 주변상황에 따라 공사가 지연되거나 공사를 아예 못하는 경우가 발생하며, 이런 일들이 분쟁으로 이어지기도 한다.

이와 관련해 한 고시원의 사례를 보자.

고시원에서 누수가 발생해 공사를 하게 되었는데, 건물주는 평일 작업을 주문했다. 그런데 공사를 시작하고 얼마 되지 않아 건장한 청년이 잠옷 차림으로 공사현장에 나타나 공사를 중지할 것을 요청했다. 공사 담당자는 이미 계약이 되었고, 건물주가 허락한 작업이었기 때문에 공사를 강행했다. 하지만 결국 그 청년에 의해 강제철수를 당하는 웃지 못할 사건이 발생하고 만다. 그 청년은 새벽에 들어와 잠을 자고 오후에 일어나 출근하는 유흥업소 종사자였는데, 공사로 소음과 진동이 심해 잠을 잘 수 없자 화가 나서 공사업자를 쫓아버린 것이다.

다음으로, 을지로 빌딩 사례를 보자.

7층 건물의 옥상방수 문제로 우천누수가 발생하자 건물주와 업체는 상의 끝에 일주일 안에 공사를 끝내기로 하고 작업에 착수했다.

신축건물의 옥상방수는 특별한 하자가 발견되지 않는 한 기본으로 바닥 청소만 하고 방수 페인트의 매뉴얼에 따라 하도(접착제) 칠하고, 마르면 중도(방수기능) 칠하고, 또 마르면 상도(페인트) 칠을 하고 끝나는 작업이다. 이 작업에는 대체로 3~4일 정도가 소요되는데, 날씨가 좋고 공기가 촉박하거나 현장 규모가 작으면 이틀 만에 끝나기도 한다.

하지만 이미 방수 페인트를 한 번 칠했던 옥상에 다시 방수 페인트를 칠하려면 기존에 칠했던 방수 페인트를 다 걷어내야 한다. 또한 갈라진 틈이 있으면 메워주고, 파인 곳이 있으면 미장을 다시 한 뒤 방수 페인트 공사를 하는 것이 기본이다. 그런데 가끔 이 원칙을 무시하고 기존 방수 페인트 위에 덧방 작업을 하는 경우가 있다. 이 경우 100% 하자가 발생한다는 것을 꼭 기억하길 바란다. 시간과 비용이 들더라도 반드시 기존 페인트를 철거한 뒤 재작업을 해야 한다.

다시 을지로 빌딩 이야기로 돌아오자. 공사업체에서는 계약대로 일주일 안에 작업을 끝내기 위해 평일 아침 일찍부터 공사를 시작했다. 그런데 오전 10시쯤 되자 아래층 입주업체들이 소음과 진동 때문에 자신들의 업무가 마비되었다는 민원을 제기하기 시작했고, 결국 그로 인해 공사가 중단되고 말았다. 이로 인해 많은 손실을 본 공사업체는 건물주에게 사정 이야기를 하고 계약기간 연장과 공사금액 증액을 요청했다. 하지만 건물주는 이 요청을 거부했다.

앞의 두 사례는 주변상황을 제대로 파악하지 않거나 주변에 공사안내를 제대로 하지 않고 공사를 진행하다가는 낭패를 당할 수 있다는 것을 보여준다. 이처럼 입주자나 주변인들에게 성실히 공지를 하지 않거나 주변상황을 제대로 알려주지 않고 공사를 시작해 공사의 중지 및 변경이 발생할 경우 공사업체의 피해를 누가 보상할 것인가를 두고 분쟁이 자주 발생한다.

건물 인테리어나 리모델링 공사를 할 때는 반드시 주변상황을 업체에 알려주고 공사 내용을 주변에 공지해야만 분쟁 없이 공사를 기일 안에 잘 마칠 수 있다. 이러한 점을 유념하고 공사계획을 잡으면 이변이 없는 한 정해진 비용으로 원하는 효과를 얻을 것이다.

누수 배상책임을
원만히 해결하는 방법

누수나 하자보수를 진행하다 보면 배상책임에 대한 분쟁이 종종 발생한다.

중랑구의 어느 아파트에서 누수가 발생한다는 연락이 왔다. 가서 확인해보니 화장실과 작은방 사이의 붙박이장 위 천장에서 누수가 발생하고 있었다. 천장을 뜯고 주변을 살펴보니 원인은 간단했다. 위층 화장실 오수배관에서 발생하는 누수현상이었다.

1차 책임소재는 위층에 있었다. 그런데 위층 거주자는 배관이 낡아서 새는 것이니 자신이 아니라 입주자대표회의에서 배상책임을 져야 한다고 주장했다.

그래서 그에게 공유와 전용에 대해 설명하고, 누수가 발생하는 장소가 공유와 전용의 경계로 보이나 점검구가 없어 벽을 부수고 확인하기 전까지는 알 수 없다고 설명했다. 이후 위층 세대는 누수 피해 세대와 협의를 하고 나서 벽을 깨고 공유인지 전유인지 확인해달라고 필자에게 연락했다.

오수관이 지나가는 벽을 부수고 확인해본 결과, 오수관 공용부분과 세대 전용부분이 서로 연결된 T자 부위에서 누수가 발생하고 있었다. 설명하기가 참으로 난감한 경우였다. 어찌 보면 공용부분이고, 어찌 보면 전용부분이었던 것이다.

필자는 입주자대표회의 대표자를 불러 상황을 설명했고, 대표자는 총무와 상의한 끝에 공용부분으로 인정했다. 이는 수선충당금으로 원만히 해결된 사례다.

이 사례와 같이 원만히 해결되면 다행이지만, 쌍방이 서로의 주장을 내세우다 보면 분쟁이 일어나고 이웃 간에 법정소송을 벌이는 상황도 발생한다.

누수는 일반적으로 오래된 건물에서 많이 발생하지만 간혹 새로 지은 건물에서도 발생한다. 누수가 어느 장소에서 발생하느냐에 따라 손해배상에 대한 책임 여부가 달라지기 때문에 전용공간과 공용공간에 대해 확실히 이해해두는 것이 좋다.

집합건물의 경우 전용공간의 하자로 인한 누수 때문에 아랫집에 피해가 발생하면 윗집 집주인이 손해배상 책임의 의무를 지게 된다. 반면 공용부분의 하자로 인한 누수의 경우는 입주자대표회의나 관리단에서 책임을 지게 된다.

전용공간 누수의 경우 화장실, 싱크대, 베란다, 보일러로 인한 누수가 대부분이다. 공용부분으로는 외벽과 복도, 기둥, 옥상 등이 있고 여기에 더해 세대 베란다를 통과하는 우수관, 비트를 지나가는 화장실 오수관, 공용화장실, 경비초소 등이 공용부분에 포함된다.

우수관 누수의 책임소재에 대한 문답 1

Q K씨는 자신이 거주하는 아파트 천장에서 물이 새면서 천장과 침구류 등이 젖는 피해를 입었다. 누수원인을 알아본 결과 발코니에 있는 우수관의 상단부 내부가 전선, 목장갑 등으로 막혀서 누수가 발생했다는 것을 확인했다. 이러한 손해에 대해 K씨는 위층 세대와 입주자대표회의 가운데 누구를 상대로 손해배상을 청구해야 할까?

A K씨는 입주자대표회의를 상대로 아파트 누수 책임에 대한 손해배상청구 소송을 제기했고, 이에 대해 법원은 입주자대표회의의 아파트 누수 책임을 인정해 원고 일부승소 판결을 내렸다.

　재판부는 "우수관이 각 세대의 전용부분인 발코니를 통과하지만 구조적 필요 등에 의해 전용부분을 거치는 것일 뿐 각 세대 입주자가 함부로 훼손·변경할 수 있는 부분이 아니"며, "본래의 역할은 명백히 옥상 빗물의 배수이고 각 세대의 사용은 단지 부가적인 역할에 불과하므로 우수관 부분은 공용부분"이라고 밝혔다.

또한 입주자대표회의가 우수관 관리 의무를 제대로 했다면 물이 새는 사고를 충분히 예방하거나 피해 확대를 방지할 수 있었다는 점을 지적하면서, 다만 "건물 보존등기 후 19년이 경과해 우수관에 노화현상이 있었을 것으로 보이고, 입주자대표회의가 각 세대를 방문해 우수관을 개별 점검한다는 것은 상당한 애로를 내포할 것으로 보인다"며 입주자대표회의의 아파트 누수 책임을 50%로 제한했다(판례 출처 : 한병진 변호사).

K씨는 피해액의 50%를 입주자대표회의에서 배상받았지만, 나머지 50%는 누구에게 손해보상을 받아야 할까?

우수관 누수의 책임소재에 대한 문답 2

Q 위층 세대 입주민이 발코니 공사를 한 뒤 아래층에 누수 피해를 입혔다면 누구에게 배상책임을 물어야 할까?

A 아파트 위층 503호 세대 입주민 A씨는 발코니를 거실로 개조했고, 그 과정에서 세대전용 발코니를 통과하는 공용우수관 주위에 합판으로 가림 공사를 했다. 공사 후 집중호우로 인해 공용우수관의 배수가 원활히 이루어지지 않으면서 빗물이 역류해 A씨의 거실로 흘러들었고, 그 물이 다시 아래층 403호 B씨의 아파트 천장에 스며들어 천장과 벽 등이 침수됐다.

403호 B씨는 이로 인해 아파트 내부를 보수했으며, 공사비와 이사·

보관비 등이 소요되자 위층 503호 세대 A씨와 입주자대표회의를 상대로 소송을 제기했다. 1심에서는 "A씨와 입주자대표회의는 B씨에게 1천9백23만원을 지급하라"는 일부 승소 판결이 나왔다. 그러자 A씨는 1심 판결에 불복해 항소를 제기했고, 입주자대표회의는 항소를 포기했다.

이 사건의 2심 재판부인 서울남부지법은 "이 사고는 공용우수관 내에 끼어 있던 페트병 조각으로 인해 공동우수관의 배수가 원활하지 못한 상태에서 집중호우로 급격히 증가한 배수량을 제대로 처리하지 못해 발생했다"며 "피고는 자신이 점유·소유하는 아파트 설치·보존상의 하자로 인해 원고에게 손해를 입혔고, 대표회의는 공동우수관의 배수 상태를 점검해 우천 시 침수피해 등이 발생하지 않도록 할 주의의무가 있음에도 이를 다하지 않은 과실로 원고에게 손해를 입혔다. 그러므로 피고 503호 A씨와 입주자대표회의는 원고에게 손해를 배상할 의무가 있다"고 밝혔다.

또한 "발코니 공사는 자신이 직접 시공한 것이 아니고, 공동우수관 내부에 깔대기 모양의 페트병 조각도 넣지 않아 책임이 없다"는 피고 A씨의 주장에 대해 재판부는 "민법상 공작물의 설치·보존상 하자는 공작물 안전성 결여를 말하고, 그 하자가 배상 책임자의 고의·과실에 의해 초래된 것인지는 묻지 않으며, 옥상에서 공동우수관으로 통하는 유입구로 페트병 조각이 빨려 들어갈 가능성은 적어 보여 피고 A씨는 책임을 면할 수 없다"고 덧붙였다.

하지만 재판부는 원고 B씨가 내부 공사기간 동안 숙박비와 가전제품 수리비, 위자료에 대한 손해배상을 청구한 데 대해 "원고가 이 같은 손해를 입은 사실을 인정하기에 부족하고, 정신적 피해를 입었다고 인정할 증거도 없다"며 받아들이지 않았다(출처 : 가평 우림아파트신문).

이 판결을 보면 403호의 침수피해 원인은 503호를 통과하는 공용우수관 안에 플라스틱 이물질이 끼어 있는 상태에서 집중호우가 발생하자 우수가 역류해 발생했다. 503호는 자신이 우수관 안에 고의 또는 과실로 플라스틱을 넣지 않았으므로 403호의 피해에 대해 보상할 수 없다고 주장했다. 그러나 법원은 비록 503호에서 고의 또는 과실로 우수관에 플라스틱(이물질)을 넣지 않았더라도 아래층 세대의 피해에 대한 보상을 해야 한다고 판결했다.

판결 이유에 대해서는 "플라스틱 조각(이물질)이 옥상 우수관을 다고 흘러 들어갔을 가능성이 적어 보이고, 403호의 침수피해는 503호의 고의, 과실이 없더라도 503호에 의해 기인한 것이므로 그 피해에 대해 배상책임이 있다"고 밝혔다.

자신이 점유·소유 중인 아파트 내로 우수관이 지나간다면 비록 전유가 아닌 공유라 해도 공동우수관의 배수 상태를 점검해 우천 시 침수피해 등이 발생하지 않도록 할 선량한 관리자의 주의의무가 있다는 것을 기억해야 한다. 아울러 장마가 발생하기 전에는 반드시 공동우수관 등을 점검해 선의의 피해자가 생기지 않도록 노력해야 할 것이다.

민법 제758조(공작물 등의 점유자, 소유자의 책임)
① 공작물의 설치 또는 보존의 하자로 인하여 타인에게 손해를 가한 때에는 공작물점유자가 손해를 배상할 책임이 있다. 그러나 점유자가 손해의 방지에 필요한 주의를 해

태하지 아니한 때에는 그 소유자가 손해를 배상할 책임이 있다.

　이 법조문을 보면 공작물점유자가 소유주가 아닌 세입자라 해도 선량한 관리자의 주의의무를 다하지 못한 경우에는 손해배상 책임을 면할 수 없으며, 세입자가 선량한 관리자로서 주의의무를 다했다면 공작물로 인한 피해에 대한 손해배상은 소유자(집주인)가 해야 한다는 해석으로 보아야 할 것이다. 다만, 법률적인 문제는 반드시 법률전문가와 상담할 것을 권한다.

판례로 본 임차인과 임대인의
누수 배상책임

Q 아파트 101호에 거주하는 A는 위층 201호의 누수로 인해 천장과 가재도구 등이 손상되었고, 201호에는 소유자가 아니라 그 아파트를 임차한 C가 거주하고 있었다. 누수 피해자인 101호 A가 201호 점유자 C에게 누수피해로 인한 손해배상을 청구하자 C는 이 누수는 바닥에 매설된 수도배관의 이상으로 생긴 것이니 자신이 아니라 소유자 B에게 손해배상을 청구하라고 주장했다. 이 경우 A는 누구에게 손해배상을 청구해야 할까?

A 빌라 위층의 수도배관 파손으로 누수가 발생해 아래층 거주자가 손해를 입었다 해도 윗집의 점유자인 임차인에게는 손해배상을 청구할

수 없다는 판례가 있다(서울지방법원 2000나81285).

K는 같은 빌라 바로 윗집의 수도배관에서 누수가 발생해 자신이 살고 있는 집 천장과 벽 등에 물기가 스미는 피해를 당해 윗집의 임차인 J를 상대로 수리비와 위자료를 청구했으나 패소하였다. 이 사건의 담당 재판부는 판결문에서 "공작물의 설치·보존의 하자로 인해 1차적으로 손해를 배상할 책임이 있는 점유자가 손해방지에 필요한 주의를 게을리 하지 않았다면 소유자만이 책임을 진다"며, "본 사건에서 발생한 누수는 바닥에 매설되어 있는 수도배관에 이상이 생겨 임차인이 쉽게 고칠 수 있을 정도의 사소한 것이 아니고, 임대인이 임대차계약상 지고 있는 수선의무에 따라 수리책임을 부담해야 할 정도의 임대목적물의 파손"이라고 밝혔다. 이어 "임차인 J씨가 누수가 발생한 사실을 알게 된 즉시 임대인 L에게 수리를 요청했고, 임차인이 바닥 내부의 숨은 하자로 인한 손해발생을 미리 예견해 방지하기는 불가능했던 만큼 임차인 J씨에게 손해배상 책임이 있다고 볼 수 없다"고 덧붙였다(판례 출처 : 한병진 변호사).

Q 위 판례는 임차인 J가 누수가 발생한 사실을 알게 된 즉시 임대인에게 수리를 요청한 경우이다. 그런데 만약 임차인 J가 누수발생으로 피해가 발생했음을 임대인 L에게 알리지 않아 피해가 계속된다면 피해자 K는 임차인 J에게 배상을 요구할 수 있을까?

A 다음의 법 규정 및 판례에 따라 일반적으로 건물누수에 따른 손해

배상의 경우 임차인이 아닌 임대인의 수선의무에 따라 수리책임을 임대인이 부담해야 한다.

민법 제758조(공작물 등의 점유자, 소유자의 책임)

① 공작물의 설치 또는 보존의 하자로 인하여 타인에게 손해를 가한 때에는 공작물점유자가 손해를 배상할 책임이 있다. 그러나 점유자가 손해의 방지에 필요한 주의를 해태하지 아니한 때에는 그 소유자가 손해를 배상할 책임이 있다.

그런데 질문한 내용대로 누수 발견 즉시 피해자가 점유자인 임차인에게 그 사실을 통보했으나 임차인이 임대인에게 그 사실을 통보하지 않아 손해가 심화된 경우, 특별한 사유가 없는 한 민법 제758조 1항 점유자의 손해방지를 위한 주의의무를 해태한 손해방지 책임이 있어 임차인 J에게 손해에 따른 배상책임이 있다고 본다.

점유자에게는 선량한 관리자의 주의의무가 있으므로 자신이 점유하고 있는 공작물에 하자가 발생한 경우 반드시 소유자에게 그 사실을 통보해 추후 선의의 피해를 당하지 않도록 해야 한다. 다만, 법률적인 문제는 반드시 법률전문가와 상담할 것을 권한다.

인테리어 공사 시의 체크 포인트

인테리어 공사에 대해 문의하는 사람들이 가끔 있다. 주로 예산이 어느 정도 필요한지를 묻는다. 사실 인테리어 비용은 공사를 어떻게 하느냐에 따라 천차만별이기 때문에 대답을 하기가 곤란하다. 다만 분명한 점은 인테리어를 왜 하는지에 대한 목적이 명확해야 하고, 본인이 지출할 수 있는 금액을 미리 정해놓고 공사를 시작해야 한다는 것이다.

인테리어 공사는 일반적으로 전기, 조명, 바닥, 벽, 천장, 섀시, 화장실 타일, 세면대 등의 수전기구 교체, 주방 싱크대 교체, 벽장 교체 등이 주를 이룬다. 모두 다 중요하지만 이 가운데 공사가 끝나면 다시 하기 어려운 일이 있는데, 전기배선공사가 대표적이다.

전기배선공사는 콘크리트 벽을 뚫거나 천장을 통과해야 하는 경우가 있어 꽤 번거롭고 시간도 많이 걸린다. 전기공사는 신축공사 때도 맨 처음에 들어갔다가 거의 맨 나중에 나오는 인내의 시간이 필요한 공사이기도 하다. 전기공사는 또한 공사가 끝나면 다시 바꾸기가 어렵기 때문에 전기공사를 계획할 때는 사전점검이 필수다. 즉, 전기공사 전에 가구배치를 먼저 계획하고 거기에 맞춰 조명, 콘센트, 스위치의 위치와 개수 등을 미리 구상해놓아야 한다.

콘센트는 생각보다 많이 필요하다. 전기배선공사를 해야 한다면 가능한 한 많은 콘센트를 확보하는 것이 좋다. 나중에 흉물스럽게 노출 콘센트로 여기저기 깔아놓지 않으려면 콘센트 확보가 필수다.

전기제품 중 에어컨은 전기사용량이 크기 때문에 별도의 차단기에 전용 콘센트가 필요하다. 그러므로 에어컨 설치 장소를 잘 확인한 다음 그 옆에 전용 콘센트를 설치해놓아야 한다. 또한 에어컨 위치가 정해졌으면 실외기와 연결하는 연결관 구멍을 미리 뚫어놓아야 한다.

전기공사에 이어 교체하기가 어려운 작업이 창호공사다. 창호는 단열, 방음, 기밀성과 더불어 미적인 요소가 고려되기 때문에 선정단계에서 각별히 주의를 기울여야 한다. 창호공사 후에는 반드시 창문틀에 고정될 때 창문이 들떠 있거나 빈틈이 있는지 확인해야 한다. 아무리 좋은 창호를 써도 외부공기가 들락거린다면 무슨 의미가 있겠는가. 아울러 창호가 기울어 있는지도 확인해야 한다.

인테리어를 계획하면서 조명 부분을 구상하기는 쉽지 않다. 예전에는 단순히 공간을 밝게 비춰주는 조명의 기능성을 우선시했지만, 요즘 추세는 기능성은 기본이고 거기에 미적 요소를 가미한 인테리어적 측면이 많이 고려되고 있다.

실내공간의 마감은 벽지나 바닥재라고 생각하지만 실재 마감재의 질감, 색감 등의 특성은 대부분 빛에 좌우된다. 따라서 인테리어의 마무리는 조명에 의해 좌우된다고 할 수 있다. 실내 분위기가 조명에 좌우되는 만큼 조명 설계를 할 때는 현관, 거실, 침실, 공부방 등의 용도에 맞게 하는 것이 좋다.

인테리어 공사가 끝나고 입주할 때는 몇 가지를 체크하는 것이 좋다. 이것은 새집으로 이사할 때도 마찬가지로 해당된다.

1. 먼저, 조명기구의 스위치가 제 위치에 설치되었는지, 소등과 점멸은 제대로 되는지 동작 상태를 확인한 다음 조명등이 용도에 맞게 설치되었는지 확인한다.
2. 창호는 열고 닫힘이 부드러운지를 살피고, 잠금고리가 제 위치에 있는지를 확인해야 하며, 수평상태와 오염상태도 체크한다.
3. 바닥과 도배지는 접착상태를 확인하고 훼손된 부분이 있는지를 체크한다.
4. 욕실에 가서는 세면대, 양변기의 동작상태를 확인하고 기타 거울이나 수건걸이 및 휴지걸이의 위치와 상태를 확인한다. 당연히 각종 배관의 배수상태도 확인해야 한다.

5. 주방에서는 싱크대의 배수상태와 문짝의 개폐상태가 원활한지 여부를 체크한다.

이와 같이 일련의 점검을 마친 뒤에는 시공했던 벽지나 장판, 페인트 일정량을 반드시 보관해두어야 한다. 인테리어 공사가 끝난 뒤 청소를 하거나 물건을 정돈하다가 파손되는 경우가 있으니 이에 대비해 보관해두는 것이다.

납득할 수 없는 동파 유형

동파란 물이 얼어붙어서 수도관, 온수관, 난방관 등 각종 배관이 파손되는 것을 말한다. 겨울철에 자주 일어나는 이 현상은 얼었을 때 부피가 늘어나는 물의 특이한 성질 때문에 발생한다. 동파가 발생하는 부위는 대부분 수도관이지만, 간혹 난방관이나 온수관에서 발생하기도 한다. 수도관의 경우는 대부분 외부 노출 부분이나 벽을 타고 들어오는 인입부가 동파되며, 온수관이나 난방관은 평소 난방이 원활하지 않거나 오랫동안 집을 비워두어 보일러가 정상적으로 가동되지 않을 때 동파가 나타난다.

겨울철 강추위 때는 외출 시에도 보일러 난방을 외출 모드로 하지 말고 낮은 온도로라도 켜두고 나가는 것이 좋다. 또한 장기간 집을 비울 때는 수도밸브 등을 약간씩 틀어놓아야 동파를 예방할 수 있다. 이때 물은 똑똑 떨어지는 정도가 아니라 졸졸 흐르는 정도여야 한다.

드문 경우지만 외부에 노출돼 있거나 단열이 잘 안 되는 화장실의 변기가 강추위에 동파돼 깨지는 사건도 발생한다. 이 외에 배수관 동파도 자주 발생하는데, 이 경우 대부분은 배관에 노폐물이 많이 쌓여 있는 상태에서 물이 원활히 흐르지 못하고 괴어 있기 때문에 동파가 발생한다.

상식적으로 이해가 되지 않는 동파도 가끔 발생한다. 즉, 입상관(수직으로 된 배관)이나 물매가 잘 잡힌 배수관에서도 동파사고가 발생하는 것이다. 이 경우 동파 당사자가 납득하지 못하는 것은 물론 보험회사에서도 의아해하며 보험처리를 해주지 않아 분쟁이 발생하기도 한다.

강서구의 주상복합아파트에서 그런 사례가 있었다. 5층 천장에서 누수가 발생한다고 해서 현장을 방문했는데, 누수가 발생한 곳은 작은방이었다. 6층도 똑같은 구조였으므로 구조상 작은방은 위층 화장실이나

단열 미비로 인해 동파된 소방펌프에서 물이 솟구치고 있다.

싱크대, 보일러실과는 거리가 너무 멀었다. 일단은 크랙을 타고 흘러들어온 것으로 추정하고, 젖어 있는 천장의 일부를 뜯어낸 다음 현장조사를 실시했다.

천장에 특별한 이상도 보이지 않는데 물이 계속 떨어지는 것이 이해되지 않았다. 랜턴을 이리저리 돌려가며 천장 내부를 한참 살피는데 약간 떨어진 곳에서 뚜껑이 덮이지 않은 관이 눈에 들어왔다. 배수관으로 보이는 그 관이 있는 부위의 천장을 조금 뜯어내자 배수관으로 보이는 곳에서 물이 솟아나왔다. 배수관의 물이 패널을 타고 천장 외곽으로 흘러 천장과 벽지를 적시고 있었던 것이다.

'도대체 이 관이 무슨 관이기에 천장에 매립되어 있는 걸까? 왜 이곳에서 물이 나오는 거지?'

이런저런 고민을 해보다가 일전에 옆 동에서 보일러실이 동파됐던 일이 생각나서 보일러실로 향했다. 보일러실 입상관을 두드려보니 안에 물이 가득 차 있어 둔탁한 소리가 났다. 윗부분에 구멍을 내니 물이 솟구쳤다. 그리고 입상관 아랫부분을 뚫어보니 얼음이 두껍게 얼어 있었다. 위층에서 아래층으로 떨어지는 물의 양이 워낙 적다 보니 물이 외부로 배출되기도 전에 하부에서부터 얼었고, 이 얼음이 배수관을 막아버리자 그 위로 떨어진 물이 계속 쌓였던 것이다.

경험상 위층 어느 세대에서 보일러 누수가 발생하고 있다는 것을 알 수 있었다. 그래서 위층 세대들을 점검하니 17층 세대 보일러실에서 누수가 발생하고 있었다. 결론부터 말하자면, 17층 보일러실 누수로 발생한 물이 5층까지는 잘 떨어졌으나 5층에서 외부로 배수가 될 때 물이

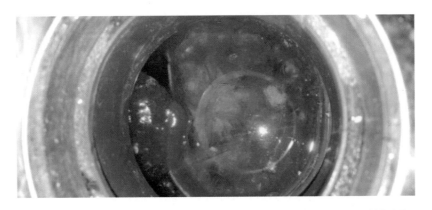

떨어지는 물의 양이 워낙 적기 때문에 물이 외부로 배출되기 전에 얼어 얼음이 되었고, 이 얼음이 배수관을 막아버리자 그 위로 떨어진 물이 계속해서 쌓이게 된 것이다.

흐르는 속도가 급격히 떨어져 물이 외부로 배출되기도 전에 얼어붙은 것이다. "시베리아 벌판에서 오줌을 누면 바로 얼어버린다"는 농담을 가끔 들었는데, 이 사례가 바로 그랬다.

떨어지는 물의 양이 워낙 적었기 때문에 물이 외부로 배출되기 전에 얼었고, 그 얼음이 배수관을 막아버리자 그 위로 떨어진 물이 계속해서 쌓였다. 결국 흐르지 못하고 적체된 물이 5층 천장에 시스템에어컨을 설치하기 위해 만들어놓았던 드레인관을 통해 역류해 5층 천장을 적셨던 것이다.

이 사태로 인해 5층 작은방 천장 벽지와 인테리어가 모두 못쓰게 되었다. 이를 수리하기 위해 보험회사에 보험금 지급을 요청했으나 보험회사에서는 '납득할 수 없는 사안'이라며 보험금 지급을 거절했다. 결국 "피해자는 있으나 가해자가 없는" 전형적인 공동주택의 동파 사례가 되었다.

보일러 동파 관련 배상책임은?

동파가 발생하면 일단 언 수도나 배관을 녹여서 그대로 사용하는데, 낡은 관의 경우 거의 대부분 동파 후 누수가 발생한다는 사실을 인지할 필요가 있다. 오래된 집들은 난방배관이 동관이나 강관으로 되어 있는 경우가 많다. 동관이나 강관의 경우 동파가 발생하면 관에 구멍이 생기는 게 아니라 옆으로 찢어지는 현상이 많이 나타난다.

XL, PB 등 보통 관들은 동파가 발생하면 한두 군데만 터진다. 하지만 동관이나 강관은 동파가 되면 터지는 곳이 너무 많기 때문에 거의 대부분 관로 전체를 새로 교체해야 한다고 봐도 무방하다. 어떤 집에서는 동관이 파열된 곳이 처음에는 다섯 군데였으나 추가 파열이 발견돼 결국 전체 배관을 교체한 적도 있다.

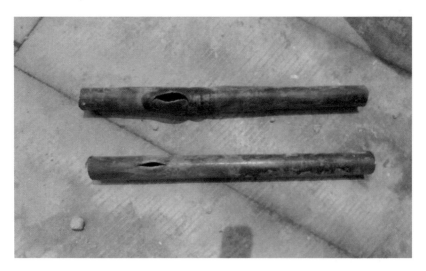

동관이나 강관의 경우 동파가 발생하면 관에 구멍이 생기는 것이 아니라 옆으로 찢어지는 현상이 많이 발생한다.

일반주택에서의 배관 동파는 원인도 찾기 쉽고 해결도 빠르게 진행된다. 이에 반해 공동주택에서의 배관 동파는 원인 파악도 어렵고, 원인을 파악하더라도 배상책임 문제 때문에 맨 아래층 세대만 고통을 당하는 경우가 심심찮게 발생한다.

서울시의 경우 최근 보일러 동파사고가 급증함에 따라 비용부담에 대한 임대인과 임차인 간의 분쟁 조정을 위한 '보일러 동파 관련 주택임대차 배상책임 분쟁조정기준'을 마련했다. 그동안 아무리 오래된 보일러라도 동파사고가 나면 관리부주의라는 이유로 세입자에게 모든 책임을 떠넘기면서 분쟁이 발생하는 사례가 왕왕 있었다.

이에 서울시는 공정거래위원회가 고시한 '소비자분쟁 해결기준'과 지금까지의 분쟁상담 사례를 참고해 세입자와 집주인 간 부담비율을 정한 기준안을 만들어 상담에 활용하고 있다. 서울시가 정한 '보일러 관리에 대한 임대인과 임차인의 의무'를 보면, 임대인은 임대차 기간 중 임차인의 사용수익에 필요한 조치를 취할 의무가 있으므로 겨울철에 보일러 등 임대목적물의 작동상태가 원활한지, 동파발생의 우려는 없는지 미리 점검해 임차인의 안전과 편의를 도모할 책임이 있다.

또한 임차인의 경우 선량한 관리자의 주의의무를 부담하므로 임차목적물에 하자가 발생하면 이를 임대인에게 즉시 통보하고 수선하는 데 협조해야 하며, 선량한 관리자의 주의의무를 다하지 못해 보일러 동파 사고가 발생할 경우 이에 대한 배상책임을 져야 한다.

서울시가 마련한 보일러 동파 관련 주택임대차 배상책임 분쟁조정 기준에 따르면, 주의의무를 다하지 못해 동파사고가 발생한 경우 세입자가 부담해야 할 비율은 보일러 내용연수가 '소비자분쟁 해결기준'상으로 7년인 점을 감안, 구입 이후 감가상각률을 적용해 내용연수별 배상기준을 정했다. 즉, 사용기간이 경과할수록 세입자의 부담비율은 점차 줄어들게 되며, 보일러 사용연수인 7년이 지나면 원칙상 세입자는 어떤 배상의무도 없다.

보일러 동파사고가 발생하면 임차인과 임대인 모두 관련 규정을 이해하고 서로 협조해야 분쟁 없이 원만하게 임대차 관계를 유지할 수 있다. 아울러 동파에 대해 이해하고 조금만 주의를 기울다면 동파사고를 미연에 방지할 수 있을 것이다.

원상복구 분쟁을 해결하는 방법

프랜차이즈가 아닌 개인 브랜드의 커피전문점이나 음식점을 방문할 때면 벽면이나 천장에 페인트칠을 하고 조명이나 가벼운 소품으로 인테리어를 해놓은 가게를 종종 본다. 일종의 빈티지 스타일로 분위기를 내기도 하지만, 사실 그 이면을 보면 원상복구에 대한 부담감 때문에 인테리어를 크게 하지 않는 경우가 많다.

"상가임대차계약 종료 시 원상태로 복구한다."

상가임대차계약을 해본 사람들은 이 문구를 본 적이 있을 것이다. 상가임대차계약서 특약사항에 자주 등장하기 때문이다. 이 원상복구 문구 때문에 계약 종료 시 임대인과 임차인 사이에 많은 분쟁이 발생하고 또 비용도 많이 발생한다. 그래서 내부 인테리어를 간소하게 하는 것이 요즘 추세다.

원상복구란 임차인이 건물 계약 당시의 모습대로 되돌려놓는 것을 말한다. "그 모습 그대로"가 어느 정도인지에 대한 임대인과 임차인 간의 인식 차이가 분쟁발생의 원인이 된다. 이를테면 벽에 못질 몇 번 한 것으로도 분쟁이 발생하고, 건물효용성과 가치를 상승시키기 위해 세입자가 지출한 유익비에 관련해서도 분쟁이 발생한다.

원상복구 범위를 두고 계약 당사자 사이에 갈등이 발생했을 때 임차인의 잘못이나 부주의로 훼손된 부분은 임차인이 원상복구를 해야 한다. 하지만 그렇다고 해서 그 범위가 임대차계약 당시와 100% 같은 상태를 의미하는 것은 아니다. 임차인이 선량한 관리자로서 주의를 기울이고 용도에 정해진 대로 사용하다가 반환할 경우 원상회복의 의무를 다한 것으로 본다. 그래서 통상적인 사용에 따른 제품의 마모나 손상은 원상복구 범위에 포함되지 않는다.

예를 들어 주택의 경우 일반적으로 액자나 달력을 걸려고 못을 박는 행위는 통상적인 사용으로 인정되므로 원상복구 의무가 없다. 하지만 못을 너무 많이 박아 도배를 다시 해야 한다면 세입자가 비용을 부담해야 한다. 또한 고의가 아니라 일상적인 사용에 따른 장판이나 마루의 긁힘, 벽지의 변색 정도는 원상복구 범위에 해당되지 않는다. 하지만 임차인의 부주의로 생긴 큰 자국이나 긁힘, 심한 낙서로 훼손된 벽지 등은 원상태로 돌려놓아야 한다.

상가의 경우 공실이었던 상가를 임차했다면 이때 원상복구는 원래 공실 상태로 완전히 철거해주는 것을 의미한다. 만약 기존 임차인과 같은 업종으로 임차했거나 다른 업종으로 임차하면서 계약서에 "전 임차인의 원상복구 의무를 승계"한다거나, "전 임차인이 설치한 시설까지 원상복구해야 한다"고 명시한 경우가 아니라면 자신이 추가로 설치한 부분만 원상복구 의무를 부여한다는 판례가 있다.

예를 들어 식당으로 운영하던 점포를 임차해 기존 인테리어를 그대로 사용하면서 약간의 인테리어를 추가해 영업하다가 기간이 만료된 경우, 특약이 없는 한 임차인의 원상복구 범위는 자신이 새로 설치한 것에만 적용된다. 만약 임대인이 부당하게 원상복구를 요구하면서 보증금을 반환하지 않는 상황이 발생하면 임차인은 법원에 소를 제기할 수 있다. 하지만 그렇게 되면 시간과 비용이 많이 소요되므로 가급적 임대인과 원만히 해결하는 것이 좋다.

모든 것은 예방이 먼저다. 계약을 할 때 계약서 특약사항에 원상복구에 대한 내용을 별도로 두기로 협의했다면 이것이 법조항보다 우선하므로 분쟁을 빨리 해결할 수 있다. 또한 임차인은 입주 전에 반드시 현 상태를 사진이나 영상으로 남겨둠으로써 향후 발생할 수 있는 분쟁을 줄이는 노력을 기울여야 할 것이다.

두 군데 이상 누수가 발생하는
합병증 건물

주차장에 차를 주차하고 있는데 누군가가 창을 두드리며 말을 건넨다. 일 년째 지층 세대의 세를 못 놓고 있는데 누수 좀 확인해달라며 다짜고짜 팔을 잡고 건물로 데려갔다. 현장을 방문하니 지층 세대의 화장실, 거실, 안방까지 모든 곳에 물이 흐른 흔적이 있었다. 1층에 거주자가 있느냐고 물었더니 몇 개월 동안 비어 있다는 대답이 돌아왔다. 지층 세대의 누수현상을 잡지 못해 비워두었다는 것이다.

건물주는 세가 나오지 않아 정말 속상하다며 1층 세대로 필자를 안내했다. 냉수관 파열은 아닌 것이 거의 확실했다. 왜냐하면 지층 세대의 누수가 간헐적으로 발생했기 때문이다. 건물주는 이곳에서 물 자국이 보인다며 화장실과 붙어 있는 작은방의 장판을 들어 보였다. 물 자국을 보니 아래층을 적실 만한 양이 아니어서 주위를 둘러보고 싱크대 쪽 장판을 들어보니 물이 많이 괴어 있었다. 하지만 아래층을 적시기에는 여전히 뭔가가 부족해 보였다.

거실 장판을 들어보니 바닥에 공사한 흔적이 보여서 혹시 공사를 한 적이 있느냐고 물었다. 그전에도 누수가 발생해 업체를 불렀더니 하수관 누수가 의심된다고 해서 일 년 전에 공사를 했는데 누수현상은 잡히지 않았다고 했다.

일단 냉온수는 아닌 것 같고, 의심이 가는 장소는 화장실이었다. 집주인의 양해를 구한 다음 하수관 입구를 막고 바닥에 물을 저장해놓은 상태에서 지층 세대의 천장을 확인했다. 그랬더니 약 20여 분이 경과한 뒤부터 천장에 살짝 물이 비치기 시작했다. 화장실 천장부터 시작해 안방, 천장, 그리고 거실 천장 순으로 물방울이 모였다. 이 누수는 화장실 바닥 방수층의 기능이 상실되면서 발생한 생활누수였다.

문제는 1층 싱크대 주변의 물 흔적이었다. 화장실 방수층이 깨지면서 생긴 누수로 피해가 나타난 곳은 1층의 작은방과 거실 모퉁이, 그리고 지층 세대의 천장과 벽이었다. 그런데 화장실에서 발생한 누수가 같은 집 싱크대 주변을 적시기에는 싱크대와의 거리가 너무 멀었다. 가끔 바로 윗집이 아니고 옆집 라인에서부터 발생한 누수도 있고, 3층 누수 원인을 16층에서 발견한 적도 있었지만 이 경우는 상황이 달라 보였다.

집주인에게 이 상황이 조금 이상하다고 설명하니, 건축일을 한다는 집주인 또한 "101호와 102호의 하수배관이 T자로 연결돼 있어 혹시 연결부분 누수가 아닐까 하는 생각이 든다"고 자신의 견해를 밝혔다.

위층 누수로 인한 아래층 천장의 피해

일리가 있었지만 이 역시 뭔가가 꺼림칙했다.

매사 불여튼튼이다. 누수탐지 기초로 돌아가 온수관을 체크했더니 이것은 이상이 없었다. 다시 보일러 난방배관을 체크했고, 난방관에서 누수가 발견되었다. 이렇게 두 군데 이상에서 누수가 발생하는 경우가 종종 있는데, 이를 일명 '합병증 건물'이라 부른다.

만약 원인분석을 제대로 하지 않고 화장실 방수공사를 시작했다면 분명 얼마 지나지 않아 건물주와 분쟁을 겪었을 상황이다. 누수현상이 나타나면 반드시 처음부터 원인을 꼼꼼히 체크해서 2차 사고가 발생하지 않도록 해야 할 것이다.

티코 값으로 벤츠를 살 수는 없다

동네에서 운동을 같이하던 선배이자 〈어바웃 마이 하우스〉 칼럼의 독자에게서 전화가 왔다.

"건물 지하상가에 비만 오면 물이 새는데 한번 방문해줄 수 있겠어?"

흔쾌히 수락하고 성내동 소재 건물로 향했다. 몇 년 전 필자에게 자문을 구한 건물이었다. 당시 비가 오면 지하 후문 쪽으로 빗물이 쏟아져 들어와 지하상가에 물이 차는 문제가 발생하던 곳이었다. 현장점검을 해보니 후문 앞에 집수정을 설치하고 모터 한 개를 사용해 빗물을 빼내고 있었다.

이전에 방문했을 때 후문 옆으로 물길을 만들고 집수정에 모터 두 개를 사용하든지, 지하입구 경사로 위에 캐노피를 설치해 빗물을 외부로 유도하라고 조언했던 적이 있었다. 현재는 이 두 가지를 모두 해놓아서 후문 쪽으로는 더 이상 문제가 발생하지 않는데, 이번에는 정문 입구에서 우천누수가 생겼다는 것이다. 구조를 보니 크게 어려울 것이 없을 듯해 상가 입구에서 간단한 테스트를 해보니 생각한 대로 실리콘 문제였다. 그래서 간단한 해결방법과 공사범위를 알려주고 돌아서 나오는데 갑자기 상가 세입자가 다가와 말했다.

"입구 누수는 큰 문제가 아니고, 내부 누수가 심각합니다."

건물주는 외부 누수 문제인 줄 알고 상담을 의뢰했는데 정말 점검해야 할 누수는 건물 내부에 있었던 것이다. 그래서 상담을 의뢰할 때는 상황을 제대로 알고 의뢰해야 한다. 잘못하면 공사를 이중으로 해야 하는 번거로움이 생길 수도 있기 때문이다.

내부에 들어가 천장을 뜯어보니 이미 공사를 한 흔적이 있었다. 언제 무슨 공사를 했는지 물어보니 작년에도 누수가 있어서 업체를 불렀더니 실리콘 작업을 했다고 말했다.

현장을 방문해보면 이렇게 땜질 방식으로 작업한 경우를 만난다. 원인규명이 안 되니 일단 당장 새는 것만 막아보자는 식으로 응급처치만 한 것인데, 이렇게 공사를 해놓으면 100% 다시 문제가 생긴다.

이곳의 누수원인을 살펴보니 옥상의 두겁 상태 불량을 비롯해 건물 외벽의 간판을 떼어낸 뒤 막음공사를 한 외벽 벽체에 생긴 구멍, 벽 사이의 틈새를 타고 들어온 빗물 등 복잡한 과정을 거쳐 발생해서 설명할 게 많은 우천누수였다. 이런 상태의 건물은 옥상 두겁에 철판을 씌우거나 두겁 사이의 실리콘을 벗겨내고 다시 실리콘 주입 작업을 해야

누수 지점만 실리콘 처리를 한 뒤 발생한 하자

한다. 그리고 이와 병행해서 벽체에 생긴 구멍을 다시 막아주고 외벽에 발수제를 발라주어야 누수가 발생하지 않는다.

원당의 한 건물도 성내동 건물과 비슷한 사례였다. 4층짜리 건물인데 3층과 4층 창가 쪽 천장에서 누수가 발생했고, 옥상을 점검해보니 방수 페인트가 들떠 있었다. 이것은 방수시공 중에 습기가 마르지 않은 부분을 시공하다 보면 생길 수 있는 현상이다.

그런데 들뜬 범위가 너무 넓었다. 자세히 살펴보니 기존의 방수페인트 위에 덧방으로 페인트칠을 한 상태였다. 당연히 시공 불량인데, 건물주도 이 결과에서 자유롭지 못했다. 비용을 조금 아끼겠다고 자신이 조장 또는 방임을 했기 때문이다.

저렴한 비용으로는 결코 최고의 품질이 나오지 않는다. 이 점을 반드시 기억할 필요가 있다. 티코 값으로 벤츠를 구입할 수 없는 것과 같은 이치다.

옥상방수 불량을 확인하고 두겁과 외벽 상태를 확인해보니 두겁 실리콘 역시 불량이고, 외벽 실리콘 상태도 불량인 데다 우수관 주변의 슬리브까지 불량이었다. 흔히 이곳저곳 아픈 사람을 가리켜 '걸어 다니는 종합병원'이라는 표현을 쓰는데, 이 건물이야말로 총체적 부실 상태였다. 필자는 그 모든 상황에 대한 보고서를 작성해서 건물주에게 제출했다.

"건물을 매매할 계획이니 3층과 4층 누수의 직접적인 원인만 수리해주세요."

건물주의 말에 결국 임시방편으로 두겁 실리콘 재작업과 우수관 슬리브 공사로 누수를 막을 수밖에 없었다.

누수탐지를 하다 보면 한 가지 문제를 해결하고 상황이 종료되는 경우가 대부분이다. 그런데 의외로 누수현장이 여러 가지 문제를 안고 있을 때가 있다. 건물에 누수가 발생했을 때는 단편적인 문제만 해결하려하지 말고 시간과 비용이 들더라도 종합적으로 살펴볼 필요가 있다. 당장은 문제가 없을지라도 추후 발생할 문제를 함께 처리하는 것이 현명한 방법이기 때문이다.

원인 규명이 어려운 건물 지하층 누수

어느 건물주가 자신의 빌딩 지하층에 벽면 균열과 함께 누수가 발생하는데 원인을 규명하기가 쉽지 않다고 하소연했다. 이것은 정말 난감한 문제다.

일반적인 지상층 누수현상은 우천누수나 생활누수 두 종류로 구별되어 어떤 상황에서도 누수원인이 규명된다. 그런데 지하층 누수는 원인 규명이 어려운 경우가 간혹 발생한다. 지하에는 생각보다 많은 배관이 지나가기도 하고, 상부층에서 내려온 배관들도 지하를 통과하는 경우가 많기 때문이다. 거기에 사방 벽면과 바닥층이 대지면(흙)과 맞닿아 있기 때문에 지하층 누수는 원인 규명이 더 복잡하고 까다롭다. 그래서 누수탐지를 하는 분들이 지하 누수라고 이야기하면 발을 빼는 경우도 가끔 있다.

준공검사를 받은 지 몇 개월도 안 된 건물에서 지하 누수가 발생한다는 연락이 왔다. 누수 하자보증기간이 경과되지 않은 신축건물이니 시공사에 연락해서 해결하라고 답변했더니 기어이 현장을 방문해달라고 요청했다.

그래서 현장을 방문해 건물관리자의 말을 들어보니 준공 후 바로 누수가 발생해 하자보수를 진행했는데 다시 같은 현상이 나타난 상황이었다. 우천누수로 판단돼 현장조사 후 간단한 테스트를 해보니 누수는 화단에서 시작되고 있었다. 시공을 하면서 화단과 맞닿은 벽의 외벽방수를 소홀히 한 모양이었다. 건물주에게 누수원인을 설명한 뒤 시공사를 불러 화단을 철거하고 외벽방수를 재시공하는 조치를 취하라고 조언해주었다.

지하층 누수의 경우 이 사례와 같이 외벽방수 미비로 인해 누수가 발생하는 경우가 많은데, 원인 규명이 매우 까다롭다. 건축을 할 때는 지상이나 지하를 막론하고 방수에 많은 공을 들인다. 그런데도 누수가 발생하는 것은 작업자의 실수도 있지만 대부분 공사비용이 저가로 책정된 결과다.

앞에서 말한 건물의 경우 지하 터파기를 할 때 물이 많이 나왔는데도 공사를 강행했다고 한다. 그런 상황을 인지하고 있던 건물주는 방수작업팀에게 방수에 만전을 기해줄 것을 당부했다고 한다. 건물주는 자신이 그렇게 당부했는데도 결국 누수가 발생했다고 하소연하며 시공사와

방수작업자에 대한 서운함을 토로했다.

지구상의 어떤 업자도 자기 돈을 들여가며 남의 건물을 공사해주지는 않는다. 분명 자신이 계약한 공사단가가 있고, 거기에서 이익을 창출해야 하기 때문에 건물주가 어떤 말을 해도 먹히지 않는 것이다.

터파기를 할 때 물이 많이 나왔다면 내벽방수로 누수를 잡을 게 아니라 외벽방수를 먼저 해야 했다. 그런데 지하 외부 방수는 기술도 까다롭고 비용도 많이 들어간다. 그래서 시행자(건물주)가 꺼릴 수밖에 없다. 바닥에서 물이 올라오는 경우 어떤 공사를 해도 누수를 잡기가 어렵다. 이럴 때는 집수정(구멍)을 설치해 고인 물을 빼내거나 시간이 경과함에 따라 물길이 바뀌기만을 기다릴 뿐이다.

건물을 지을 때 바닥에서 물이 나온다면 비용이 더 들더라도 반드시 물길을 유도한 뒤 지하 바닥과 외벽 방수공사를 완벽히 하고 공사를 해야 한다. 이 방법만이 당신의 건물을 오랫동안 안전하게 지켜줄 것이다. 다만, 건물신축에 대한 문의는 반드시 건축사나 전문가와 상담하기를 바란다.

공유부분 하자에 대한 누수 배상책임과 정신적 손해배상

사람들은 흔히 "스트레스를 너무 많이 받았으니 물질적 손해배상뿐만 아니라 정신적 손해배상도 함께 청구하겠다"고 말한다. 이번에는 법원 판례를 예로 들어 어떤 경우에 물질적 손해배상과 정신적 손해배상을 청구할 수 있는지에 대해 알아보기로 하자. 판례를 원활히 이해하기 위해 먼저 몇 가지 용어를 알아둘 필요가 있다.

1 | 관리규약

관리규약은 입주자와 사용자가 공동생활의 원만한 유지와 갈등이나 대립을 원활하게 해결하고 공동주택의 안전한 이용을 위해 서로의 약속을 작성한 문서다.

2 | 가처분신청

가처분신청은 법원 확정판결이 나려면 많은 시간이 소요되므로 **빠른** 권리행사를 위해 임시적으로 판결과 동일한 지위의 획득을 법원에 신청하는 것을 말한다.

예를 들어 "보수공사 시행 가처분신청을 받아들였다"는 것은 아파트 입주회의에서 외벽하자에 대한 보수공사를 차일피일 미루며 공사를 하지 않아 또 다른 피해가 있을 것을 우려해 보수공사를 즉시 시행해달라는 피해자(원고) N씨의 요청대로 공사를 시행하라는 판결이다.

또한 방송금지 가처분신청은 방송국에서 어떤 내용을 방송하려는 것을 법원 판결이 나올 때까지 방송을 금지해줄 것을 법원에 요청하는 행위다.

단, 가처분신청과 확정판결이 일치하지 않는 경우도 있다.

3 | 인용

인용의 사전적 의미는 "남의 말이나 글 가운데 필요한 부분을 끌어다가 자신의 말이나 글 속에 넣어 설명하는 데 쓰는 것"을 말한다. 그런데 판결에서의 인용은 규약이나 특약의 내용을 끌어다가 판결에 사용하는 경우와 신청인의 주장이 이유가 있다고 인정돼 그 주장을 받아들여 판결을 내리는 경우를 말한다.

용어를 정리했으니, 이제 예시 판례를 한번 살펴보자.

광주지역 아파트 입주민 N씨의 집 방과 주방의 천장에서 2002년 8월 말경부터 누수가 발견되었다. 평소에는 누수가 없었으나 북풍을 동반한 비가 내릴 때마다 누수현상이 나타났으므로 N씨는 입주자대표회의에 원인을 찾아 해결해줄 것을 수차례 요구했으나 하자보수를 받지 못했다.

이에 입주민 N씨는 2006년 6월 입주자대표회의를 상대로 "북쪽 방과 주방의 천장에서 물이 새지 않도록 공용부분인 북쪽 외벽에 대한 보수공사를 실시해달라"는 보수공사시행 가처분신청과 함께 손해배상 청구소송을 법원에 제기했다. 광주지법은 2006년 9월 보수공사시행 가처분신청을 받아들였고, 이어 2007년 11월 손해배상 청구소송에 대해서도 "피고 대표회의는 원고 N씨에게 1천3만 원을 지급하라"며 원고 일부승소 판결을 내렸다.

재판부는 "관리규약에 따르면 벽체의 외부 또는 도장부분과 함께 건물부분 중 주요 구조부인 벽, 기둥, 지붕 등은 공용부분으로 규정하고 있고, 이 사건의 누수는 북쪽 외벽의 하자(벽의 깨진 틈을 통한 빗물 유입)로 발생했다"며, "북쪽 외벽의 경우 건물 외관이나 안전을 유지하기 위해 필요한 부분으로 전유부분이 아닌 공용부분에 해당하므로, 대표회의는 원고 N씨에게 내부 공사에 소요되는 공사비만을 지급하면 되고 위자료 지급 책임은 없다"고 판결했다(판례 출처 : 아파트관리신문).

이 판례를 보면 법원은 관리규약을 인용해 벽체의 외부 또는 도장부분과 함께 건물부분 중 주요 구조부인 벽, 기둥, 지붕 등을 집합건물의 공용부분으로 규정하고 입주자대표회의에 손해배상 책임을 물었다. 이를 근거로 보면 공용부분의 하자로 인한 손해배상은 입주자대표회의 또는 건물주를 상대로 하는 것이 옳다고 할 것이다. 다만, 분쟁에 대한 법률적 문제는 반드시 법률전문가와 상담하기를 바란다.

36

이의재의 어바웃 마이 하우스

누수의 정신적 손해배상과
입주자의 권리

앞선 사례에서 원고 N씨와 피고 입주자대표회의는 1심 판결에 모두 불복해 항소를 제기했다. 2심 재판부인 광주지법 제2민사부는 2006년 9월 "이 사건 누수는 북쪽 외벽의 하자로 발생한 사실을 인정할 수 있고, 누수가 발생한 북쪽 외벽은 공용부분에 해당한다"며, "피고 대표회의가 관리주체(관리소장 등)에게 관리업무를 위탁했더라도 피고 대표회의의 책임이 면책된다고 볼 수 없으므로, 피고는 관리주체와 함께 이 아파트 공용부분의 관리상 하자로 발생한 손해를 배상할 의무가 있다"고 밝혔다.

재판부는 또한 "원고 N씨가 2002년 8월 말경에 누수가 발생한 사실을 알았음에도 불구하고 2006년 6월 이 사건의 소를 제기했는데, 원고의 청구권이 3년이 경과해 이미 소멸시효가 완성됐다"는 피고 대표회의의 주장에 대해서는 다음과 같이 밝히며 받아들이지 않았다.

"피고 대표회의의 원고 N씨에 대한 하자보수 불이행으로 인한 손해배상 책임은 일반불법행위 책임이 아니라 관리규약 관계에 따르는 채무불이행 책임이어서 그 소멸시효 기간은 10년으로 봐야 한다."

이에 따라 재판부는 "이 아파트 내부의 보수공사에 필요한 공사비는 당심이 청구취지 확정에 의해 추가한 전기공사비를 포함해 1천7십3만 원이 소요된다"며 "피고 대표회의는 원고 N씨에게 이 금원을 지급하라"고 판시했다.

그러나 재판부는 "이 아파트에서 가족 6명과 함께 생활하면서 약 5년 동안 비만 오면 누수가 되는지 염려해왔고, 누수가 있을 때마다 피고 대표회의에 알리면서 보수를 호소해왔지만 피고가 보수공사 의무를 이행하지 않아 정신적 고통을 입었으므로, 피고는 위자료 3백만 원을 지급해야 한다"는 원고 N씨의 주장에 대해서는 "재산적 손해의 배상에 의해 회복할 수 없는 정신적 손해가 발생했다면 채무자가 그러한 사정을 알았거나 알 수 있을 경우에 한해 손해에 대한 위자료를 청구할 수 있는데 원고의 주장사실은 이를 인정하기에 부족하다"고 덧붙였다(판례 출처 : 아파트관리신문).

건물 공용부분의 하자로 인하여 피해가 발생했을 때는 비록 건물을 타인에게 위탁해 관리한다고 해도 건물을 최종 관리하는 건물주에게 책임이 있다는 것을 반드시 기억하길 바란다.

또한 손해배상 청구에 대해 법원은 "정신적 손해가 발생했다면 채무자(가해자)가 그러한 사정을 알았거나 알 수 있을 경우에 한해 손해에 대한 위자료를 청구할 수 있다"고 판결했다. 이는 일반적인 누수나 소음으로 인해 피해를 당했다고 하여 정신적 손해배상을 청구하려면 자신의 주관적 주장이 아니라 상대방이 객관적으로 알았거나 알 수 있을 경우에 한해 청구할 수 있다는 것이다.

이때 상대방이 객관적으로 알았다 함은 피해자가 병원에 다니는 이유가 누수나 소음으로 인한 신경쇠약이나 우울증이었다는 것을 가해자가 명백히 아는 경우, 또는 진단서를 첨부해 법원에 제출하는 경우가 해당될 것으로 본다.

또한 법원은 "하자보수 불이행으로 인한 손해배상 책임은 일반불법행위 책임이 아니라 관리규약 관계에 따르는 채무불이행 책임이어서 그 소멸시효 기간은 10년으로 봐야 한다"고 밝혔다. 입주자는 관리비를 납부할 의무가 있고, 동시에 공유부분에 대한 고충처리를 요구할 권리가 있다. 또한 입주자대표회의는 관리비를 받는 권한을 가지며, 이를 사용해 공유부분의 안전과 미관에 대한 수리를 할 의무가 있다. 법원 판결에서는 이 수리 의무를 다하지 않은 책임을 물어 "관리규약에 대한 채무불이행"이라 칭한 것이다.

간혹 입주자들이 관리사무소에 민원을 제기해봤자 아무 소용이 없다는 불평을 들을 때가 있다. 하지만 민원제기는 입주자의 권리이고, 관리소나 대표회의는 수선의 의무가 있다. 이 점을 기억해 적극적으로 권리를 행사하길 바란다.

이론으로
알아보는
방수

누수 개요

1 | 누수의 사전적 의미

국어사전에는 누수가 "도중에 새는 물"로 정의되어 있다. 어떤 일이나 사물에는 반드시 시작점과 끝점이 있는데, 도중이란 그 시작과 끝점을 뺀 중간 사이의 모든 과정을 의미한다. 도중에 새는 물이라면 시냇물이나 강물이 지천으로 뻗어나가는 것도 누수라고 볼 것인가? 이런 현상을 누수라 부르는 사람은 아마 없을 것이다.

누수의 정확한 의미는 사람이 만든 건축물에서 의도하지 않은 장소로 물이 새는 것이다. 즉, 건축물에서 원하지 않는 장소로 물이 새는 것을 누수라 한다.

2 │ 누수의 발생원인

누수가 발생되는 원인을 한마디로 정의하기는 어렵지만 몇 가지로 나누면 건물노화, 부실시공, 배관불량 등으로 분류할 수 있다.

3 │ 누수의 종류

누수는 크게 생활누수와 우천누수로 나뉜다.

(1) 생활누수

생활누수는 대부분 배관 문제에서 출발한다. 각 가정이나 건물 내부에는 생활편의를 위한 여러 종류의 배관이 시설되어 있다. 건축 시에 묻어놓은 배관이 건물을 철거할 때까지 멀쩡하다면 좋겠지만, 세월이 흐르면 모든 만물이 노후되는 것처럼 건물 배관도 시간이 지나면 노후돼 제 기능을 발휘하지 못하는 경우가 많다. 또 시공할 때 일어난 작업자의 의도치 않은 실수가 시간이 지남에 따라 훼손이 더 심해져 배관으로서의 기능을 상실함으로써 누수로 연결되는 경우도 종종 발생한다.

　배관 문제 이외의 생활누수는 화장실이나 세탁실 등의 타일 바닥 방수층의 노화로 인해 발생한다. 우리 몸의 순환계, 즉 혈관과 같은 기능을 담당하는 건물 내부 배관은 급수(상수도), 온수(보일러), 하수(싱크대, 세면대), 오수(변기) 등 몇 종류가 안 된다. 그런데 생활누수가 발생하면 원인을 규명하기 어려운 경우가 의외로 많다.

　급수나 온수에서 누수가 발생할 경우 육안으로나 누수탐지기를 이용해 그런대로 빨리 누수 지점을 찾아낼 수 있지만, 하수나 오수에서 누수가 발생하면 상당히 난감할 때가 있다. 특히 상가건물에서 누수가 발생하면 하수나 오수뿐만 아니라 누수탐지기를 이용해도 급수에서의 누수 지점을 파악하기가 쉽지 않다.

(2) 우천누수

우천누수에 대해서는 별도의 탐지기나 정형화된 매뉴얼이 없다. 그래서 생활누수가 아니라 우천누수로 판단되면 먼저 옥상 균열과 방수페인트의 하자 여부를 파악한다. 균열이 없고 방수페인트에도 문제가 없는 것으로 보이면 난간대의 실리콘 상태, 우수관 주위의 슬리브 상태, 우수관 균열이나 연결부위 파손 상태, 창틀 실리콘 상태, 벽의 균열과 메지 상태, 건물 조인트 부분의 상태 등을 살펴보는 것이 순서다. 아울러 옥상에 화단이 있는 경우 화단을 통한 누수 발생이 많다는 것을 기억해두자.

우천누수가 발생할 때 물이 처음 들어오는 곳을 유심히 살펴보면 외부에서 들어오는 케이블선이나 보일러 연통 등 외부에 노출된 기구를 타고 들어올 때가 있다. 이 경우 누수공사를 할 필요 없이 간단한 실리콘 처리만으로도 예방이 가능하다. 간혹 비가 그친 뒤에도 새는 경우가 있는데, 이는 빗물이 어느 공간에 저장되어 있다가 새는 것이므로 반드시 빗물 저장 공간을 찾아 수리해야 한다.

보일러의 기초

1 | 직수

직수란 말 그대로 직접 공급되는 물을 말한다. 직수는 급수 또는 냉수라고도 부르는데, 이는 상수도사업소에서 보낸 원수가 건물 인입부(입구) 계량기를 통과해 건물 내 필요한 곳에 공급되는 물을 칭한다.

2 | 온수

온수란 계량기를 통과하여 급수된 직수가 보일러에 도달해 일정 온도로 데워진 물 중에 세면대, 세탁기, 싱크대, 샤워기 등에 공급되는 따뜻한 물을 말한다. 일반인들은 난방수와 혼용하기도 하는데, 온수는 난방

하단의 밸브가 직수 공급 라인. 상단은 온수공급 라인이다.

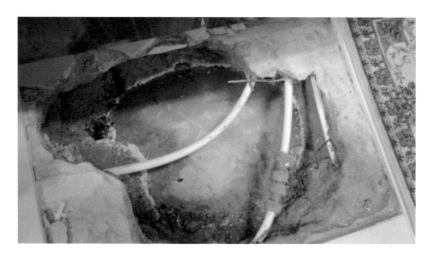

수리 중인 난방배관

수와는 전혀 다른 물이다.

3 | 난방수

직수가 보일러에 도달해 데워진 물은 온수와 난방수, 두 가지로 분류된다. 난방수는 바닥배관을 타고 흐르며 건물 내에 온기를 전달하는, 말 그대로 방을 따뜻하게 난방하는 물을 말한다.

4 | 보일러

난방시설이나 목욕탕 등에 더운물을 보내기 위해 물을 끓이는 시설을 말하며, 예전에는 증기통이라고도 불렀다.

누수탐지

1 │ 누수탐지의 의미

탐지의 사전적 의미는 "감추어졌거나 드러나지 않은 사실이나 사물 따위를 더듬어 살펴 알아내는 것"이다. 그리고 건축물에서의 누수탐지라 함은 건축물 내외에서 중간에 새는 물, 즉 원치 않는 곳에 흐르는 물의 원인과 장소를 찾아내는 일을 말한다.

2 │ 누수탐지 방법

(1) 직수관 탐지방법

건물 내의 모든 급수는 계량기를 통과한 직수부터 시작된다. 즉, 시작

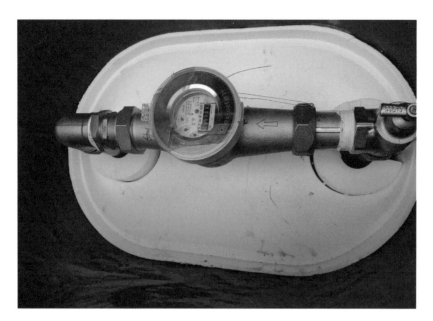

일반적인 계량기. 별모양으로 생긴 것이 돌아가는 것을 잘 보아야 한다.

이 계량기이므로 모든 누수탐지는 계량기부터 시작된다.

1) 육안으로 관찰

누수가 의심되면 먼저 계량기의 움직임을 육안으로 관찰한다. 관찰 순서는 다음과 같다.

① 집 안의 모든 수도밸브를 잠근다(싱크대, 욕실, 세탁실, 정수기 등).

② 계량기 밸브를 잠근다.

③ 계량기 검침바늘의 움직임 여부를 관찰한다.

④ 계량기 검침바늘이 완전히 멈춘 것을 확인하고, 약 20분쯤 지난 뒤

계량기 밸브를 신속히 연다.

모든 밸브를 다 잠갔는데도 계량기 검침바늘이 계속 돌고 있다면 세대 내 수도밸브 중 잠기지 않은 것이 있다고 판단하고, 세대 내 수도밸브 잠금 여부를 다시 확인한다. 계량기 밸브를 다 잠갔는데도 계량기 검침바늘이 계속 돌 때는 변기 쪽에 문제가 있는 경우가 가장 많고, 간혹 세탁기 밸브 때문인 경우도 있다. 또한 정수기를 사용하는 집에서는 정수기 쪽 밸브 잠금 여부도 반드시 확인해야 한다.

밸브를 열었을 때 계량기 검침바늘이 회전을 하면 직수관 누수임을 추론할 수 있다. 계량기 육안탐지는 1회에 그치지 말고 가급적 2회 이상 실시하는 것이 좋다.

직수관 누수라는 것이 확인되면 보일러 이전 누수냐, 이후 누수냐를 체크해야 한다.

① 앞서 행한 대로 모든 수도밸브를 잠근 상태에서 보일러실에 가서 보일러 밑의 급수밸브를 잠근다.
② 계량기로 돌아와 계량기 밸브를 잠근 뒤 20쯤 기다렸다가 다시 계량기를 연다. 이때 계량기 검침바늘이 회전을 하면 보일러 이전의 세면대, 변기, 세탁기 등의 직수관 누수로 판단한다. 반대로 계량기 검침바늘이 회전을 하지 않으면 보일러 이후의 온수나 난방 누수로 판단한다.
③ 위와 같은 행동을 다시 한번 반복해 동일한 결과가 나오는지 확인

한다.

2) 공기압 테스트(탐지전문가)

계량기 검침바늘을 통하여 보일러 이전이든 이후든 직수관 누수라는
확신이 들면 콤프레서를 이용해 압력 테스트를 진행한다. 보일러 이전
직수관 누수로 생각될 때 주의해야 할 점은 반드시 보일러 급수밸브를
잠그고 압력 테스트를 실시해야 한다는 것이다. 급수밸브를 잠그지 않
고 압력을 걸 경우 보일러 파손이 우려되기 때문이다.

① 콤프레서 압력 게이지가 시간이 지나면서 떨어지면 직수관 누수가
   확실하다. 시간이 지나도 압력 게이지가 떨어지지 않으면 다시 한번
   실행해보고, 그래도 떨어지지 않으면 압력 게이지 고장 여부를 확인
   한다.
② 압력 게이지가 고장이 아닌데도 압력이 떨어지지 않으면 육안 계량
   기 관찰이 잘못된 것으로 본다. 그러면 모든 수도밸브를 다시 체크
   한 뒤 육안 계량기 관찰을 다시 실시한다.

3) 탐지장비 이용(탐지전문가)

콤프레서를 이용한 공기압 테스트 결과가 직수관 누수로 확인되면 정
확한 누수점을 찾아 부분수리를 하는 방법과 직수관 전체를 새로 배관
하는 방법이 있다. 대부분 비용과 환경(먼지, 소음) 문제를 염려하여 부
분수리를 원한다. 간혹 전체 배관을 새로 할 때도 있는데, 이는 배관이

너무 오래되어 재사용 시 계속적인 문제(추가 누수)가 발생할 소지가 있는 경우다.

누수탐지가들은 관로의 상태를 파악해 부분수리를 할지 배관교체를 할지를 건물주와 상의해야 한다. 만약 배관교체 작업을 해야 할 경우는 어느 정도의 범위로 할지 협의한 뒤 공사를 진행해야 한다.

4) 누수탐지 장비

직수관 누수점을 찾는 장비로는 가스 탐지기, 열화상 탐지기, 청음식 탐지기 등이 있다.

(2) 온수관 탐지방법(탐지전문가)

직수관 검사 후 보일러 누수가 의심된다면 먼저 온수관 검사를 실시한다. 온수관을 검사할 때는 반드시 보일러의 급수밸브를 잠근 뒤 보일러 하부의 온수관을 보일러와 분리하고, 분리된 온수관에서 탐지를 시작해야 한다. 온수관 탐지도 직수관과 같이 싱크대, 세면대, 샤워기, 세탁기 등 온수를 사용하는 모든 밸브를 잠근 뒤 보일러 밑이나 온수관이 시작되는 싱크대 또는 세면대 등에서 실시한다.

① 컴프레셔를 이용해서 먼저 공기압 테스트를 한다. 콤프레셔 압력이 빠져나가는 것이 확인되면 2차 공기압 테스트를 실시한다.
② 온수관 누수로 판명되면 가스식 탐지 장비와 청음식 탐지 장비를 이용해 누수점을 찾는다.

(3) 난방관 탐지방법

난방관 누수탐지를 위해서는 보일러의 기본구조를 이해해야 한다. 보일러의 기능 중 하나가 물보충인데, 물보충 방식에는 난방관에 물이 부족할 때 스스로 알아서 보충하는 자동 물보충 방식과 사용자가 직접 물보충 밸브를 열어 물을 보충하는 수동 물보충 방식이 있다.

물보충 경고등이 1년에 1~2회 정도 깜박거리면 정상으로 보지만, 연 4~5회 이상 경고등이 켜지면 난방관에서 누수가 발생하는 것으로 판단한다. 그런데 자동 물보충 방식에서는 경고등이 켜지는 것을 발견하기 어렵기 때문에 난방관 누수가 발생해도 간과하고 그냥 지나치는 경우가 있다.

난방관 누수가 진행되면 방바닥에 습기가 올라와 장판 밑에 물이 고인다. 또한 방이 따뜻해지지 않고 연료비가 평상시보다 더 나올 때도 있다. 난방관을 탐지할 때는 다음 과정을 거친다.

① 먼저 보일러의 공급관과 환수관을 분리한다.
② 공급관이나 환수관 어느 한쪽을 막고 공기압 테스트를 실시한다.
③ 난방관 누수로 판명되면 각 방별로 개별 테스트를 실시한다.

타공과 미장

타공은 "때려서 구멍을 뚫는다"는 뜻으로 영어 펀칭(Punching)의 의미로 해석하면 될 것이다. 누수탐지를 해서 원인과 누수지점이 파악되면 다음 순서가 배관수리다. 바닥에 묻혀 있는 파손된 배관을 찾으려면 바닥을 파내야 하는데, 이 작업을 타공작업이라 한다.

1 │ 타공방법

여기에서 취급하는 모든 배관은 바닥에 위치하는데, 누수원인과 위치를 파악한 뒤 콘크리트 바닥을 타공하면서 자칫 범하기 쉬운 실수가 해머드릴과 같은 장비를 하자라고 생각되는 위치에 바로 들이대는 것이다. 그 결과 건드리지 않아야 할 다른 관을 건드려 손상시키는 일이 벌어진다. 특히 난방관을 건드리는 상황이 많이 발생한다.

　이런 불상사를 방지하려면 먼저 하자 위치로 생각되는 부분에서 가장 가까운 벽면 모서리부터 타공을 시작해 배관을 발견한 다음, 배관 간격을 고려해 타공작업을 하는 것이 안전하다. 타공장비로는 해머, 앙카드릴 등이 사용되는데 소음과 분진이 많이 발생하니 사용 시 주의가 필요하다.

2 | 미장

미장은 건물공사에서 벽이나 천장, 바닥 등에 흙이나 시멘트 따위를 바르는 것을 말한다. 시멘트의 사전적 의미는 '접착제, 접합하다, 굳게 하다'이다. 미장에 사용되는 재료는 다음과 같다.

(1) 시멘트풀 : 시멘트 + 물

몰탈이나 콘크리트를 기존의 바닥과 잘 접촉하게 만들어주는 접착제 역할을 한다. 물의 양은 많고 시멘트 양은 적다. 말 그대로 시멘트풀이라 생각하면 된다.

(2) 몰탈 : 시멘트 + 모래 + 물

큰 힘을 받지 않는 바닥이나 후처리를 위한 미장용으로 사용한다. 조적공사, 방수공사, 미장공사, 타일공사, 석공사에 쓰인다.

(3) 콘크리트 : 시멘트 + 모래 + 자갈 + 물

큰 힘을 받아야 하는 내력벽, 기둥, 보 등에 사용되며 골조층 바닥에도
사용된다.

타일

1 | 타일 시공 순서

(1) 바탕면, 표면 준비 및 처리

표면은 깨끗하고 건조해야 하므로 요철이나 이물질 등을 제거하고, 파인 부분은 메워 최대한 평탄하게 만들고 청소를 한다.

(2) 타일 물매 구상하기

물을 사용한 뒤 배수가 원활히 이루어지려면 타일 바닥에 약간 경사가 있어야 하는데, 보통 이것을 물매라 부른다. 레벨기를 이용해서 부착면의 수직·수평을 측정하고 표시한다.

(3) 타일 붙이기

설정한 레이아웃에 맞게 타일을 부착한다. 타일 부착 시에는 타일 스페이서라는 도구를 이용해 줄눈 공간을 균일하게 한다.

(4) 줄눈작업

보수작업 시에는 기존의 줄눈을 줄눈제거기로 제거한 뒤 재시공한다. 타일을 새로 한 경우에는 타일시멘트를 준비한 뒤 줄눈 시공을 한다.

(5) 청소

젖은 스펀지로 타일 바닥면을 닦아 이물질을 제거한 뒤 마른 스펀지로 다시 닦아준다. 바닥을 청소하고 주변을 정리한 뒤 작업을 마친다.

2 ⏐ 타일 시공 방법

(1) 실내타일 시공

실내타일 습식 떠붙임공법을 할 때 위에서부터 아래쪽으로 타일을 붙이면 붙이는 도중에 떨어지거나 흘러내릴 가능성이 많아지게 된다. 그래서 아래에서부터 위쪽 방향으로 벽돌을 쌓듯이 타일을 붙여나간다. 실내공법 중 압착공법은 타일본드를 써서 붙이는데, 이 공법의 경우는 위에서부터 아래로 붙인다.

(2) 실외타일 시공

외장타일은 실내처럼 떠붙임을 하는 것이 아니라 벽체 바탕을 미장하고, 그 위에 압착시멘트를 사용해서 붙이게 되므로 위에서부터 아래로 붙인다.

방수

방수는 물이 사용되는 목적 이외의 공간으로 넘어가지 않도록 방어하는 것을 말한다. 이외의 공간이라 함은 실내의 경우 옆방이나 아래 집 정도이며, 실외의 경우 옥상 아랫부분의 공간을 말한다.

신축현장에서는 깨끗한 하지면에 시공을 하기 때문에 상대적으로 하자가 적다. 하지만 간혹 낮은 단가로 기계적 시공을 하다 보니 작업기간과 작업자의 숙련도에 따라 문제가 발생하기도 한다. 신축과 보수는 철거와 비철거의 차이이며, 시공상의 차이는 거의 없다고 볼 수 있다. 보수공사에서의 방수방법을 다음에 설명한다.

1 | 실내 방수(화장실, 베란다)

(1) 바닥 철거

바닥에는 상하수도 배관이 매립되어 있기 때문에 무작정 철거를 하다가는 배관 파손이 발생해 배관 보수까지 해야 하는 불상사가 생긴다. 처음부터 배관공사를 염두에 두고 하는 경우 외에는 타일을 먼저 철거하고 바닥면 안쪽부터 철거한다.

(2) 청소

철거가 끝나면 빗자루를 이용해 이물질 등을 깨끗이 정리한다.

(3) 방수작업

방수방법으로는 액체방수, 도막방수, 시트방수 등이 있다. 일반적으로 실내방수는 경제성과 시공의 편리함을 고려해 액체방수를 한다.

1) 1차 작업

시멘트풀을 만들어 1차적으로 바닥에 도포한다(접착력 증대). 일반적으로는 시멘트에 방수액을 묽게 섞어 바닥에 도포한다. 벽면 타일까지 시공할 때는 벽면의 허리 높이까지 빗자루로 쓸어 올려 도포한다(3~5회 반복 시공).

2) 2차 작업

시멘트, 모래, 방수액, 물을 섞어 평평하게 도포한다. 방수액을 과다하게 사용하면 양생 과정 중 크랙이 생길 수 있으니 주의해야 한다.

3) 3차 작업

2차와 같은 형태로 한 번 더 도포하거나 도막형 방수제를 도포할 수 있다.

4) 마감

타일을 시공하거나 몰탈로 미장마감을 한다.

2 | 실외 방수(옥상, 벽체)

일반적으로 사용하는 우레탄 방수에 대해 다음에 설명한다.

(1) 철거

옥상방수의 경우 공사를 시작하기 전 이물질을 제거하는 작업이 방수 공사의 70% 이상을 좌우한다. 물청소를 하는 것이 아니라 기존에 깔려 있던 옥상 페인트를 제거하는 것이다.

(2) 청소

철거가 끝나면 이물질을 깨끗이 정리한 뒤, 빗자루나 청소기를 사용해 최대한 쓸어담는다.

(3) 방수작업

1) 1차 작업 : 크랙 보수

청소가 끝난 옥상 바닥에는 작은 실금도 있고, 제법 굵게 금이 간 곳도
있다. 금이 커 보이는 곳은 크랙 부분에 5~10mm 정도 깊이로 커팅을
하고 미세한 크랙은 그 상태로 둔다. 바닥 크랙 부분의 커팅이 끝나면
우레탄실리콘이나 실링제를 크랙 부위에 불룩하게 칠한다. 그런 다음
미세한 부분은 조금 가늘게 크랙 부위에 칠하고 고무헤라를 이용해 평
평하게 밀어준다.

2) 2차 작업 : 하도

롤러를 사용해 프라이머를 골고루 도포한다. 프라이머는 콘크리트와
우레탄 중도를 밀착시키는 접착제 역할을 한다. 도포한 뒤 6시간에서
하루 정도 말려준다.

3) 3차 작업 : 중도

우레탄 중도의 경우 기본적인 두께가 있다. 우레탄의 두께가 너무 얇으
면 갈라지고 찢어지는 현상이 발생할 수 있기 때문이다. 우레탄 중도를
시공할 때는 롤러를 사용하지 않고 우레탄 중도 시공 전용도구를 사용
한다.

4) 4차 작업 : 상도

상도는 중도 시공 후 2~3일이 지나고 중도 칠이 완전히 마른 것을 확인

한 다음 롤러를 사용해 페인트칠을 하듯 골고루 도포한다. 상도는 직접적으로 방수를 담당하는 중도 우레탄이 햇빛이나 풍화에 잘 버틸 수 있게 해주는 역할을 한다.

옥상방수 작업 시 시멘트 액상방수를 하지 않는 것은 시멘트는 신축성이 없어 계절의 영향을 받아 오래잖아 방수막이 파괴되기 때문이다. 반면 우레탄과 같은 도막형은 신축성이 우수해 계절의 영향을 받지 않으므로 실외방수에 적합하다.

지혜로운 누수 잡기

장비를 대지 않고 누수를 잡는 것이 가장 좋은 방법이다

필자를 보고 여러 지인들이 하소연하는 주된 내용은 건물을 진단하는 업체마다 말이 다르고 세세한 진단이 나오지 않는다는 것이다. 사실 병원 같은 곳은 시스템과 매뉴얼이 잘 갖춰져 있어 환자의 병명과 합병증 여부를 금방 파악할 수 있다. 하지만 건물보수나 인테리어는 정해진 매뉴얼이나 시스템이 거의 없고, 오직 개인의 경험과 감각만으로 하는 일이기 때문에 작업자들에게서 일괄적인 대답을 기대하기가 쉽지 않은 영역이다.

누수가 발생하면 설비업자들은 일반적으로 현장을 한 번 살펴본 다음 누수탐지기를 바로 들이댄다. 그런데 누수라는 것은 사실 진단장비가 무의미한 경우가 대부분이다. 장비를 바로 댈 수 있는 경우는 계량기 육안 검사에서 누수가 의심되거나, 계량기에서 누수가 발견되지 않는데도 지속적으로 물이 흐른다거나, 천장이나 벽면이 계속 젖어 있는 경우다.

누수탐지기라 불리는 장비들은 일정한 압력을 관로에 걸어놓고 바람이 새는 곳을 청진기처럼 탐지하는 장비다. 하지만 아주 미세한 누수는 파악하기가 쉽지 않다. 그나마 누수탐지 장비로 탐지가 가능한 것은 급수관(수도)과 보일러 배관 정도일 뿐 다른 누수는 파악하기가 어렵다. 즉, 하수관 누수나 화장실 타일 방수 파열로 인한 누수 등은 누수탐지 장비로는 절대 알아낼 수 없다.

또한 가스를 이용한 장비나 열화상 카메라를 이용할 경우에도 하수관이나 방수층 파괴로 인한 누수의 탐지는 불가능하다는 것을 알고 업체에 맡기면 마음이 편할 것이다.

그런데도 업자들은 일단 장비를 걸어놓는다. 왜냐하면 수리 후 비용을 정산할 때가 되면 집주인들이 하는 가장 흔한 말이 "장비도 안 걸었는데 무슨 비용을 그리 과하게 받아 가나?"이기 때문이다. 일단 장비를 걸어놓는 것은 그렇게 시비를 걸기 전에 아예 시빗거리를 없애기 위한 방편으로 이해해야 할 것이다.

건물주에게 가장 이상적인 방법은 장비를 대지 않고 누수를 잡는 것이다. 물론 위생배관이나 보일러 상의 누수일 때는 장비를 이용해야 할 것이다.

누수업자와의 분쟁을 지혜롭게 해결하라

간혹 누수세대와 설비업체 간에 분쟁이 발생하는데, 주된 내용은 비용과 기술문제다. 많은 분이 목도한 바에 따르면 설비업자가 일을 하다가 밖으로 나가서 한참 만에 들어오기도 하고, 자꾸 뭉그적뭉그적 시간을 끌면서 일한다는 것이다.

왜 이런 분쟁이 생길까?

대부분 일을 빨리 끝낼 수 있다는 생각 때문이다. 물론 수리에 적합한 방법을 찾거나 적합한 장비를 가져오기 위해 시간이 걸리는 경우도 있지만, 사실 설비업자가 일을 빨리 끝내면 세대주는 약속한 가격을 지불하고 싶은 마음이 사라진다. 그래서 "옆집 누구네는 얼마에 했다는데…" 하는 핑계까지 대며 공사비를 깎으려드는 것이다.

이런 일이 비일비재하기 때문에 설비업체들은 공사를 할 때 최대한 시간을 끌어 약속한 대로 공사비를 받으려 한다. 일을 빨리 마치면 약속한 대로 공사비를 받아내기가 어렵다는 것을 그간의 경험으로 너무 잘 알기 때문이다.

따라서 일을 신속하고 깔끔하게 마치기를 바란다면 업자가 일을 시작하기 전에 이렇게 약속을 해주는 것이 좋다.

"일이 빨리 끝나도 약속된 비용은 지불할 테니 깔끔하게 빨리 처리해주세요."

또 다른 분쟁 유형은 업자가 와서 화장실이며 주방이며 몇 군데를 파헤쳐놓고는 몇날 며칠 동안 코빼기도 비치지 않는 경우다. 세대주는 속이 타는데 업자는 조금 뒤에 가겠다고 말만 하고는 나타나지 않고, 심지어 전화를 받지 않는 경우도 있다. 속된 말로 미치고 팔짝 뛸 지경이다. 필자가 아는 어느 분은 이런 일로 한 달 동안 속을 태우다가 30만 원에 약속했던 공사를 150만 원에 끝냈다고 한다.

이렇게 있어서는 안 될 일이 가끔 발생하는데, 업자들이 배짱을 부리는 이유는 자기가 파놓고 간 뒷자리에 누구도 와서 공사를 하지 못할 것이라는 자신감 때문이다. 이런 업자는 동네 터줏대감이거나 세대주와의 관계에서 자신이 갑이라고 생각하는 사람이다.

만약 공사를 맡겼는데 이유 없이 시간을 지체하거나 연락이 안 된다면 즉시 업자에게 공사중지 및 원상복구 요청을 문자메시지로 보내라. 그런 다음 동네 업자가 아닌 다른 곳에 연락해서 자세한 상황을 설명해주면 어렵지 않게 일을 해결할 수 있을 것이다. 이것이 누수업자와의 분쟁을 지혜롭게 해결하는 방법이다.

새우와 고래가 함께 숨 쉬는 바다

사장님, 여기 물 새요!
- 누수전문가 이의재의 누수 원인부터 법적 분쟁까지

지은이 | 이의재
펴낸이 | 황인원
펴낸곳 | 도서출판 창해
내지 디자인·편집 | 달바다(dalbadadesign@naver.com)

신고번호 | 제2019-000317호
초판 인쇄 | 2022년 04월 15일
초판 발행 | 2022년 04월 22일

우편번호 | 04037
주소 | 서울특별시 마포구 양화로 59, 601호(서교동)
전화 | (02)322-3333(代)
팩시밀리 | (02)333-5678
E-mail | dachawon@daum.net
ISBN 979-11-91215-41-0 (03540)

값 • 16,000원

Publishing Club Dachawon(多次元)
창해·다차원북스·나마스테